飞机系统与附件

苏汉平　程　军　主　编

万前锋　涂海丹　副主编

本书电子资源

东南大学出版社
SOUTHEAST UNIVERSITY PRESS

·南京·

图书在版编目(CIP)数据

飞机系统与附件/ 苏汉平,程军主编. -- 南京:
东南大学出版社,2025. 3. -- ISBN 978-7-5766-1551-7

Ⅰ. V221;V222

中国国家版本馆 CIP 数据核字第 202451PJ56 号

策划编辑:邹坌 责任编辑:弓佩 责任校对:韩小亮 封面设计:余武莉 责任印制:周荣虎

飞机系统与附件

FEIJI XITONG YU FUJIAN

主　　编:苏汉平　程　军
出版发行:东南大学出版社
社　　址:南京四牌楼 2 号　邮编:210096　电话:025 - 83793330
出 版 人:白云飞
网　　址:http://www. seupress. com
电子邮件:press@seupress. com
经　　销:全国各地新华书店
印　　刷:苏州市古得堡数码印刷有限公司
开　　本:787 mm×1092 mm　1/16
印　　张:17.25
字　　数:390 千字
版 印 次:2025 年 3 月第 1 版第 1 次印刷
书　　号:ISBN 978 - 7 - 5766 - 1551 - 7
定　　价:56.00 元

前　言

本书针对 B737NG 飞机航线维护和定检维修工作的岗位能力的要求,综合考虑高职院校飞机维修专业发展现状,内容上参考了《民用航空器维修人员执照基础部分考试大纲》和《民用航空器维修基础培训大纲》中的 M3 考试模块"飞机结构与系统"中的知识点,选择维修工作岗位中具有代表性的工作项目,对系统部件识别、原理、维护知识、维护规范等多个学习和工作要素进行讲解,充分体现职业性、实践性和开放性的要求。

本教材在内容选取上,由浅入深,弱化深层次排故原理,降低高职学生对飞机系统原理的理解深度,保证够用、实用。

本教材共计十个项目,分别是 B737NG 飞机总体介绍、设施设备、灯光系统、水与污水系统、氧气系统、空调系统、燃油系统、液压系统、飞行操控系统和起落架系统部件识别及常见维护。

本书由鄂州职业大学苏汉平和湖北交通职业技术学院程军任主编,鄂州职业大学万前锋、涂海丹任副主编,鄂州职业大学李昶、高铭远参编。本书项目一、项目五、项目六、项目七由苏汉平编写;项目二由李昶编写;项目三由涂海丹编写;项目四由高铭远编写;项目八、项目十由万前锋编写;项目九由程军编写,由苏汉平、程军完成全文统稿。

本书通俗易懂,可主要作为飞机机电设备维修专业教材,还可以作为飞机电子维修、飞机结构维修、机电系统专业相关课程教材,也可作为飞机维修单位工程培训、新员工机型初学的参考教材。

在编写过程中,编者参考了大量的维修文件、资料,由于编写时间仓促、水平有限,教材中难免还存在错误和不足之处,敬请各位专家和读者指正,以便再版时加以纠正。

编　者

2023 年 5 月

目　录

B737NG 飞机总体介绍

任务一 认识 B737NG 飞机

波音 737NG(NG＝Next Generation,下一代)是相对于第二代 737 而言的。波音 737 系列飞机分为 4 代:

- 初始型(Original Generation,OG,B737 - 100/200),配备 JT8D 涡喷发动机;
- 经典型(Classic,CL,B737 - 300/400/500),配备 CFM56-3 涡扇发动机;
- 第三代(Next Generation,NG,B737 - 600/700/800/900),配备 CFM56-7 涡扇发动机;
- 第四代(Max,B737 - 7/8/9/10/200),配备最新的 LEAP-1B 涡扇发动机。

B737NG 是 737 家族的第三代产品,较前几代飞机,很多系统都有所变化:机翼重新进行了设计,其总面积增加了 25%;燃油容量提高了 30%,增加了载油量和航程;驾驶舱仪表板采用新型大型显示屏;改进了客舱天花板和侧板;新型发动机采用宽弦风扇和全权限数字式发动机控制系统(FADEC),使飞机更先进、舒适,具有更易于维护、故障率更低,油耗低和维护费用低的特点。

在我国,737NG 飞机在民航全行业运输飞机中的占比约为 40%,其中 B737 - 800 飞机(图 1.1.1)是波音单通道飞机的主力机型,是目前国内使用最多的波音客机,也是全球最受欢迎的单通道客机之一。

图 1.1.1 B737-800 飞机

本书将重点介绍和分析 B737-800 飞机系统。

1. 飞机尺寸和布局

B737-800 飞机属于双发中程飞机,可用于客运和货运。飞机采用美国通用电气公司和法国斯奈克玛公司联合研制的 CFM56-7B 发动机和一台辅助动力装置（APU）（提供辅助气源和电源）。

B737-800 型飞机总体尺寸（见图 1.1.2）：

- 机长 39.5 m；
- 机高 12.5 m；
- 翼展（不含小翼）34.3 m；
- 主轮距 5.7 m；
- 前主轮距 15.6 m。

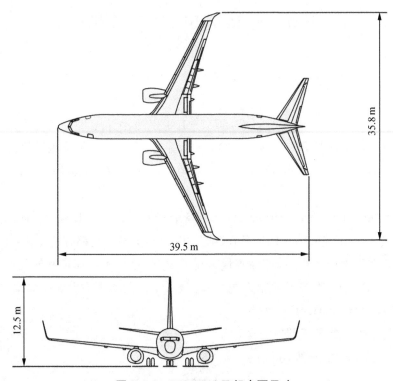

图 1.1.2　B737-800 飞机主要尺寸

根据航线运行需求的不同，航司对不同的机型极其客舱的布局的要求也不一样，B737-800 客机可以载客 162～189 名。有些 B737-800 客机采用两级客舱布局（见图 1.1.3），即公务舱和经济舱；有些 B737-800 客机采用全经济舱布局，最大载客量为 189 人。客舱前后各有两个登机门（左侧）和勤务门（右侧），在机身中部，两侧各有两个应急出口。

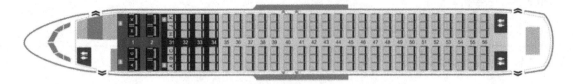

图 1.1.3　常见客舱布局（公务舱＋经济舱）

货舱位于客舱地板下方,分为前货舱和后货舱,均为散货舱(图 1.1.4)。驾驶舱座椅有主驾驶座椅和副驾驶座椅,以及第一观察员座椅和第二观察员座椅(图 1.1.5)。

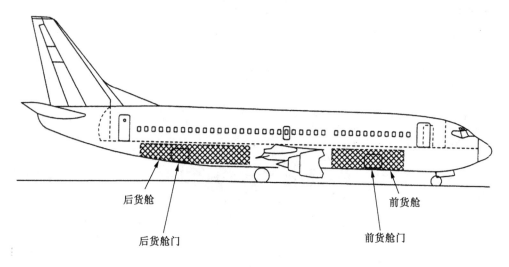

后货舱　　　　　　　　　　前货舱

后货舱门　　　　　　　　　　前货舱门

图 1.1.4　B737-800 飞机货舱布局图

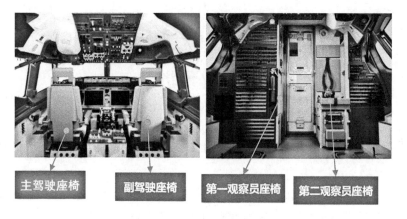

主驾驶座椅　副驾驶座椅　第一观察员座椅　第二观察员座椅

图 1.1.5　驾驶舱座椅布局

2. 飞机区域划分及站位

飞机的区域划分及站位有助于我们查找飞机的零部件和外部特征。737NG 的主区域划分为 8 个,以便快速发现和识别飞机部件,主区域如下(图 1.1.6):

- 100——下半机身;
- 200——上半机身;
- 300——机尾;
- 400——动力装置和吊舱支柱;
- 500——左机翼;

- 600——右机翼；
- 700——起落架及起落架舱门；
- 800——舱门。

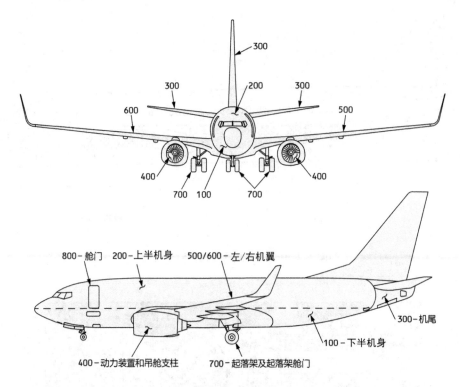

图 1.1.6 飞机区域划分

为了便于定位机身内结构和部件位置，通常可根据下列标注尺寸在飞机机身上查找部件(图 1.1.7)：

① 机身站位线(STA) 机身纵向前后水平标注尺寸，开始于零站位线，从飞机前部的垂直基准平面测量机身站位线；此基准面垂直于机身中心线，位于机头前 3.3 m 位置。机身上任一点位置到基准面的垂直距离的英寸数即为此位置的机身纵向站位。

② 机身纵剖线(BL) 机身横向标注尺寸，机身中线左侧或右侧的纵剖线；此参考基准面是飞机中心线的垂直平面，基准面左侧的纵剖线用"LBL"表示，右侧的纵剖线用"RBL"表示。

③ 水线(WL) 机身垂直标注尺寸，用于机身上、下垂直方向的定位。此参考面是假象的水平平面，位于机身下 3.8 m 处。

除了机身站位，飞机上还有机翼站位、水平安定面站位、垂直安定面站位和发动机及吊架站位等，用于快速识别机翼、尾翼、发动机部件位置。

机翼有两个基准尺寸：机翼站位(WS)和机翼纵剖线(WBL)；机翼站位(见图 1.1.8)参考基准面是一个假想平面，垂直于机翼平面和机翼后梁，并通过机翼前缘延长线与机身横向站位基准面的交点。

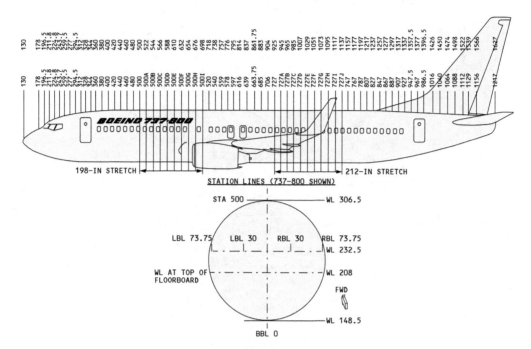

图 1.1.7　B737-800 机身尺寸标注

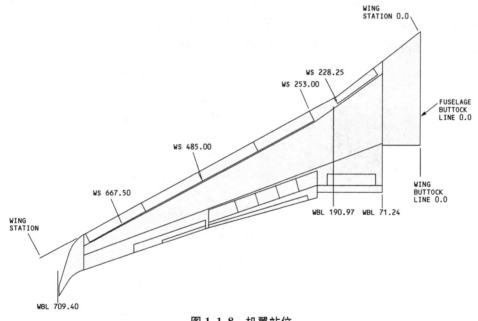

图 1.1.8　机翼站位

3. 飞机结构

飞机结构分为主要结构和次要结构(见图 1.1.9),主要结构用于承载飞机的飞行载荷、地面载荷和重力载荷,主要包括舱门、蒙皮、起落架;次要结构主要传导次要结构上的气动力、内部载荷及一些非结构的舱门,包括雷达罩、前缘、整流罩等。

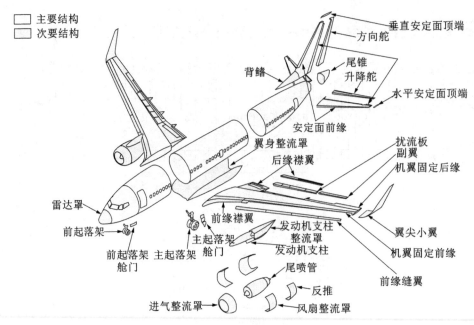

图 1.1.9　飞机结构示意图

飞机整体结构(图 1.1.10)包括机身、机翼、尾翼、起落架和动力装置,机身主要由铝合金制造的半硬壳式增压结构、轻质合金的环形隔框和纵向长桁支撑,这样能使主要机身蒙皮得到加强。机身部件有隔框、框架、桁条、地板梁、龙骨梁、机身辅助结构。

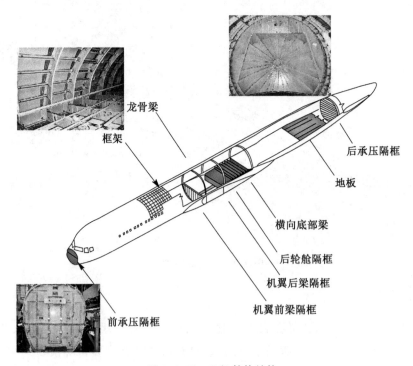

图 1.1.10　飞机整体结构

4. 飞机系统

B737NG 飞机系统包含的功能众多,主要用来保证飞机正常的起飞、爬升、巡航、下降、着陆。

① 灯光系统　用于驾驶舱、客舱、仪表指示、机外灯光照明及应急照明。

② 氧气系统　两套独立的氧气系统,一套供机组人员使用,一套供旅客使用。当发生座舱释压时,氧气面罩会脱落并提供氧气。

③ 引气系统　飞机引气(通过发动机吸入空气)系统驱动机上的空调组件和防冰系统,可为液压系统和燃油泵提供压力。飞机被划分为两个独立的"区域",各飞机各区域可独立设定温度。飞机同样可以使用由移动气源车提供的气源。

④ 空调系统　包含两套空调组件,保证飞机座舱温度、湿度和二氧化碳的浓度,保障舒适安全的飞行环境。

⑤ 燃油系统　系统有三个油箱,两侧机翼中各有一个主油箱,另一个中央油箱位于机身内。电动燃油泵负责将燃油输送至发动机,每个油箱配有两台燃油泵。中央油箱先供油,两个主油箱随后供油。

⑥ 液压系统　包括三套冗余液压系统,分别是液压系统 A 和 B,以及一套备用系统。液压系统负责驱动飞行控制装置(升降舵、方向舵、副翼)以操控飞机的运动。液压系统同样用于驱动起落架、襟翼、缝翼、反推装置以及其他一些相对次要的设备。

⑦ 电气系统　每台发动机(包括 APU)都驱动各自的发电机,为飞机的电子设备(照明器材、航电设备、机上的厨房、机载娱乐系统等)供电。在发动机关闭时,机载电瓶会为各系统提供电能。

⑧ 导航系统　B737NG 配备两只独立的 GPS 天线和三台 IRU(惯性基准组件,即陀螺仪)。IRU 是可以记录加速度变化的陀螺仪。通过综合分析加速度的变化,确定飞机位置并引导飞机按预定航线飞行。

⑨ 无线电系统　B737NG 具有三套用于通信(COMM)的无线电系统和三套用于导航(NAV)的无线电系统。飞行员使用通信无线电系统和空管联络,使用导航无线电系统,根据无线电导航站的电波进行导航。飞机还配备一台机载气象雷达,通过其向前方发射无线电波,侦测雷雨云。

5. 飞机动力装置及危险区域

B737NG 飞机搭载两台 CFM56-7B 发动机为飞机提供推力,它们具有反推能力。CFM56-7B是高涵道比、高压缩比、双转子轴流式涡轮风扇发动机。发动机风扇直径是1.55 m,发动机本体重量是 2 385 kg,由美国通用电气公司和法国的斯奈克玛公司合作生产(图 1.1.11)。

在发动机周围工作是危险的,发动机功率为慢车功率时,人员及车辆在发动机运转时不得进入危险区域,以免造成设备损坏及人员伤亡。

发动机周围的危险源主要包括发动机进气口吸力、高温排气、排气速度和噪声。当两台发动机都运转时,危险区域是左、右发动机危险区域的总和;发动机前方进口吸力大,可将人员和大型物体吸入发动机;发动机后部排气速度很快,甚至能吹翻车辆和工作台;发

图 1.1.11 CFM56-7B 涡扇发动机

动机排气温度很高,可能会造成烫伤等危险;发动机噪声很大,可导致工作人员暂时或永久失去听力,工作时应戴好听力保护装备。CFM56-7B 发动机危险区域如图 1.1.12 所示。

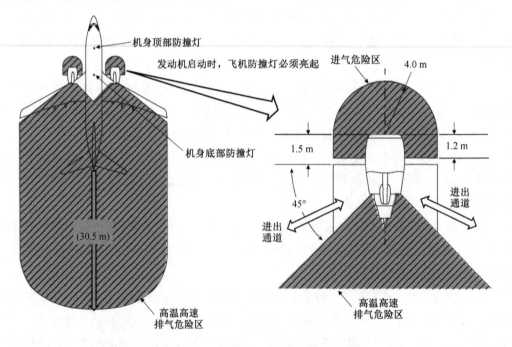

图 1.1.12 CFM56-7B 发动机危险区域

任务二 驾驶舱仪表板布局

驾驶舱主要供两名机组成员使用,分别为机长、副驾驶。机组成员前面装有用于操纵飞机各系统运行的各种仪表板,机长和副驾驶的操控区域布局类似,很多功能和显示完全一样。两座椅之间是中央操纵台,机组座椅后面还有两个观察员座椅。

B737-800 驾驶舱(图 1.2.1)主要仪表板(图 1.2.2)可以分为：

① 机长仪表板(P1 板)　位于机长侧前方,主要有时钟显示、显示组件(主飞行显示和导航显示)、显示选择、显示灯光控制等。

② 中央仪表板(P2 板)　主要有起落架手柄和位置指示、襟翼位置指示、上显示组件、备用仪表等。

③ 副驾驶仪表板(P3 板)　位于副驾驶侧前方,主要有时钟显示、显示组件(主飞行显示和导航显示)、显示选择、刹车压力指示、显示灯光控制等。

④ 驾驶舱头顶板(P5 板)　分为前顶板和后顶板,主要有襟翼位置显示、飞控系统控制、燃油系统控制、空调系统控制、液压系统控制、电源系统控制、灯光系统控制、APU/发动机起动。

⑤ 遮光板(P7 板)　位于正、副驾驶前方,主要有系统警告/警示、自动飞行方式控制、电子飞行仪表系统等。

⑥ 后电子仪表板(P8 板)　位于中央操作台后面,主要有无线电通信、导航控制、音频控制、发动机/APU 火警控制等。

⑦ 前电子仪表板(P9 板)　包括中下显示组件和控制显示组件(CDU)。

⑧ 中央操作台(P10 板)　控制发动机推力、反推及飞机减速板、襟翼等。

⑨ 跳开关面板(P6 板、P18 板)　P6 位于副驾驶背后,P18 位于正驾驶背后,给飞机电气系统提供保护。

图 1.2.1　B737-800 驾驶舱

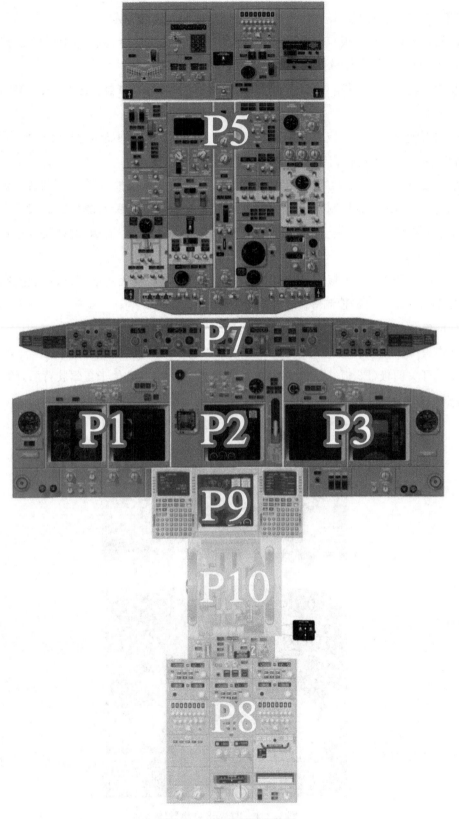

图 1.2.2 　驾驶舱仪表布局

1. 机长仪表板、副驾驶仪表板、中央仪表板

P1、P3 板位于座椅前方面板(见图 1.2.3),外侧的主飞行显示(PFD)是驾驶员看得最多的显示屏,可以提供飞机的飞行速度、姿态、高度、航向等信息。内侧为导航显示(ND)屏幕,可以提供导航信息。屏幕下方为调节显示屏幕亮度的旋钮和面板亮度灯的旋钮;旁边为风挡、脚部空气出气口控制旋钮,调节旋钮可以为风挡、驾驶员脚部提供空调空气;屏幕外侧为时钟,可以为驾驶员提供计时;显示屏上方为显示组件显示器,可以任意切换 6 块屏幕(含 2 块 DU)的显示内容,避免某一屏幕发生故障。灯光测试选择电门可供进行驾驶舱面板的灯光点亮测试。

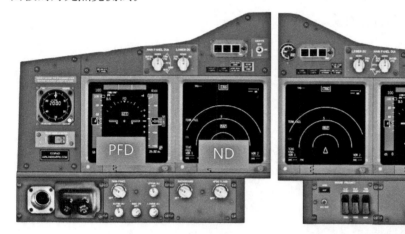

图 1.2.3　机长仪表板(P1,左侧)和副驾驶仪表板(P3,右侧)

P2 板上屏幕显示组件(上 DU)主要显示发动机、燃油工作参数,如发动机排气温度(EGT)、转速、燃油量、滑油量等;DU 左侧为综合备用飞行显示(ISFD),当机长、副驾驶的 PFD 无法显示时,可以参考此仪表。下屏幕显示组件(下 DU)显示选择按钮,包括 ENG 和 SYS,选择 ENG 时,下 DU 显示发动机辅助参数,如滑油量、滑油温度、滑油压力等;选择 SYS 时,下 DU 显示液压系统参数,如液压油油量、液压压力等。DU 上方的襟翼位置显示器可以显示左、右襟翼位置角度。DU 右侧为起落架手柄和起落架指示灯,用于控制起落架的放下和收上及位置指示信息。中央仪表板见图 1.2.4。

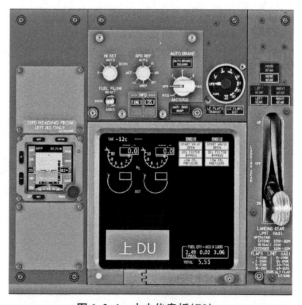

图 1.2.4　中央仪表板(P2)

2. 驾驶舱头顶板（P5 板）

P5 板分为前顶板和后顶板两块顶板，上面包含了各个系统的控制开关、电门，见图1.2.5。如地面电源与电瓶的开关与启动电门；辅助动力装置（APU）用于提供气源与电源的开关和电门，用于控制发动机启动、点火的电门和开关。

P5 前顶板上的控制和显示装置包括下列部件：

① APU 控制电门及指示面板　用于指示 APU 运行状态及控制；

② 燃油控制面板　燃油泵的控制电门及显示，琥珀色低压警告灯表示为燃油泵的低压力提出警告，交输活门蓝色位置指示灯指示活门在未关状态；

③ 地面电源和汇流条转换面板；

④ 设备冷却面板；

⑤ 发电机驱动和备用电源面板；

⑥ AC 和 DC 电表面板；

⑦ 飞行操纵面板；

⑧ 空调/引气控制、温度控制面板；

⑨ 液压控制面板；

⑩ 座舱高度面板；

⑪ 座舱压力控制面板；

⑫ 驾驶舱语音记录面板；

⑬ 发动机起动面板；

⑭ 旅客信号面板；

⑮ 电源选择面板；

⑯ 窗/空速管加温组件；

⑰ 仪表电门和 VHF（甚高频）导航和 IRS（基准惯性系统）面板；

⑱ 舱门警告面板；

⑲ 防冰面板；

⑳ 灯电门　包括着陆灯、转弯灯、滑行灯、频闪灯、位置灯、防撞灯、机翼照明灯、logo灯、轮舱灯的控制电门。

P5 后顶板上的控制和显示装置包括以下部件：

① 紧急定位发射机　在飞机迫降的时候可以发射定位信号，便于搜寻人员确定位置，实施搜救工作；

② 惯性系统显示组件；

③ 发动机面板；

④ 观察员无线电控制面板；

⑤ 氧气面板；

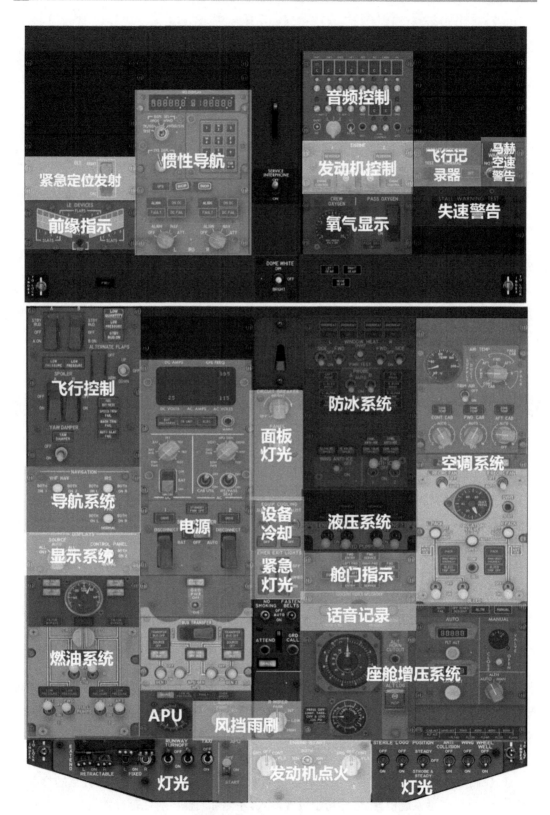

图 1.2.5　驾驶舱头顶板 P5 板(上方为后顶板;下方为前顶板)

⑥ 起落架指示灯；

⑦ 白色舱顶灯电门；

⑧ 服务内话电门；

⑨ IRS 组件选择电门；

⑩ 飞行记录器和马赫空速警告组件　测试飞行记录器和马赫空速警告工作状态；

⑪ 失速警告测试系统　进行失速警告测试,并伴随着驾驶杆抖杆,以此来提醒驾驶员；

⑫ 临近电门电子组件灯　正常情况下在地面亮,空中不亮；

⑬ 前缘装置指示面板　指示灯有两种颜色,琥珀色指示灯表示前缘装置正在放,绿色灯表示前缘装置整体已放到位。

3. 遮光板(P7 板)

遮光板(P7 板)位于正、副驾驶前方,主要有系统警告/警示、自动飞行方式控制、电子飞行仪表系统等；在 P7 板的两端有红色的火警灯、琥珀色的主警告灯、系统信号牌,它们是可以进行按压测试的。见图 1.2.6

图 1.2.6　遮光板

P7 遮光板上的控制和显示部件有：

① 火警及主警告灯　系统探测到火警时,火警灯亮、音响警报响,按压火警灯可切断火警警铃；当某个系统有警告时,主警告灯就会亮,以提醒飞行员有异常。

② 系统信号牌　信号牌上有各个系统对应的英文缩写,主警告灯亮后,信号牌上相应的故障系统的指示灯也会亮起,提醒飞行员是哪个系统有故障。

③ 方式控制板(MCP)　用于飞机自动驾驶控制操作。

④ EFIS 控制板　电子飞行仪表系统,通过此面板设置 PFD、ND 上各种参数。

4. 电子仪表板(P8、P9 板)

前电子仪表板(P9 板),中下显示组件和控制显示组件(CDU),见图 1.2.7。后电子仪表板(P8 板)位于中央操作台后面,主要有无线电通信、导航控制、音频控制、发动机/APU火警控制等,见图 1.2.8。

P9 控制板上的部件有：

① 控制显示组件　CDU 除了主要作为飞行管理计算机系统(FMCS)和机组的交互接口组件,还可以显示系统信息、惯导初始位置输入,左侧和右侧各有一部计算机；

② 下 DU。

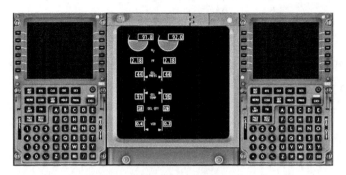

图 1.2.7　前电子仪表板(P9 板)

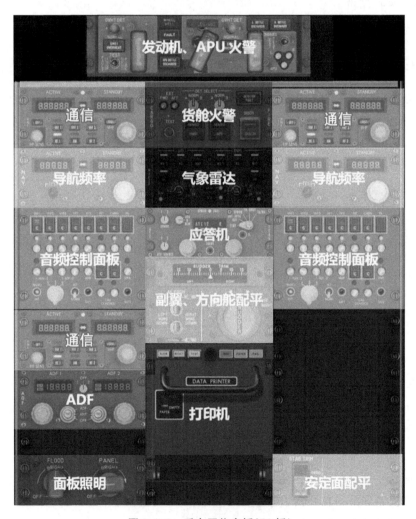

图 1.2.8　后电子仪表板(P8 板)

P8 控制板上的部件有：

① 气象雷达控制板；

② 过热/火警保护控制板　提供对发动机、APU 及轮舱过热火警的指示和系统测试过

热探测；

③ ATC/TCAS 控制板；

④ VHF 无线电控制板　显示当前的有效频率，当面板失效时，当前和备用显示窗显示"PANEL"和"FAIL"；当收发机失效时，显示"FAIL"和"FAIL"；

⑤ 导航控制板；

⑥ 音频控制板　用来选择监听通信系统或导航系统的音频信号；

⑦ 副翼、方向舵配平控制板；

⑧ ADF 控制板　显示当前使用的 ADF 频率、ADF 的模式选择及控制；

⑨ ACMS 打印机；

⑩ 灯光控制板　可调节面板灯光强度和泛光灯的强度。

5. 中央操纵台(P10 板)

中央操纵台位于正、副驾驶之间，即 P8 和 P9 板之间，用于控制发动机推力、反推及飞机减速板、襟翼等操纵面。见图 1.2.9。

图 1.2.9　中央操纵台(P10 板)

操纵台上的部件有：

① 推力手柄　用于控制发动机的推力大小，往前推表示增加供油量；

② 反推手柄　用于控制反推的打开和收上，一般在落地之后用于快速减速，当推力手柄不在慢车位时，反推手柄将无法拉起；

③ 减速板手柄　用于控制空中和地面扰流板的使用；

④ 水平安定面配平轮和指示器；

⑤ 停留刹车手柄和指示灯　设置停留刹车时，红灯亮；

⑥ 襟翼手柄；

⑦ 安定面配平切断电门

⑧ 启动手柄　用于发动机起动，提起后才能给发动机供油，航后检查时，要确保在 CUTOFF 位；

6. 跳开关面板(P6板、P18板)

跳开关在飞机电气系统中执行双重功能,其主要功能是提供保护,防止设备因不正常的电气负载所造成的过热而引发火灾等安全事故。当与跳开关相连接的线路出现故障时,跳开关会跳出,同时断开电子设备的电源。

跳开关面板 P6 位于副驾驶座椅后方,跳开关面板 P18 位于机长座椅后方,是飞机主要系统的电源跳开关。见图 1.2.10 与图 1.2.11。

图 1.2.10　P6板跳开关面板和 P18 跳开关面板

图 1.2.11　跳开关夹

在航线上发现某一个跳开关跳开时,可以试着将其按回一次,如果按回后仍然跳开,就不要再次按回,应着手排除故障。执行系统部件拆装工作时,应该将相关的系统电源跳开关拔出,挂上警告牌,再进行拆装工作,以免造成人员和设备的损伤。

任务三　飞机外部部件识别

飞机航行前进行外部检查通常不需要借助设备、仪器,维护人员须对航空器内部或外部区域、组件的装配或部件的安装情况进行目视检查,以确认是否存在明显的损伤、缺陷或失效。为了确保能够检查到待检区域的所有表面,检查时可能需要使用反光镜。执行检查时应确保照明正常,可用光源包括日光、机库灯光、手电筒、吊灯等。检查时可能需要拆除或打开接近盖板或接近门。如果发现异常或疑似异常,需要进行详细的目视检查。

1. 检查区域及路线

飞机外部检查通常沿顺时针绕机路线进行,从开始位置按照图 1.3.1 所示路线顺时针完成既定项目的检查,直到结束位置。在夜间进行绕机检查时要随身携带手电筒,提供必要的照明。

注意:维护人员必须持工卡,严格按工作单卡逐项检查、逐项签字,签字要工整、清楚。

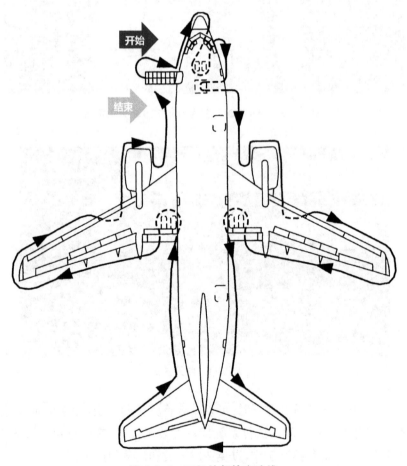

图 1.3.1　飞机外部检查路线

飞机外部检查区域包括：

- 机头区域　包括前起落架舱、前登机门、前勤务门、风挡等；
- 右前机身及翼根区域；
- 右发动机区域；
- 右机翼区域；
- 右主起落架区域；
- 右后机身区域；
- 机尾区域；
- 左后机身区域；
- 左主起落架区域；
- 左机翼区域；
- 左发动机区域；
- 左前机身及翼根区域。

2. 机头区域部件识别

飞机机头区域主要部件包括雷达罩、导流条、涡流发生器、风挡、前轮舱门、前轮舱内的部件、前轮转弯系统、滑行灯、前轮胎、前轮毂、减震支柱，以及左侧的皮托管、迎角传感器、全温探头和右侧的皮托管、迎角传感器(图 1.3.2)。

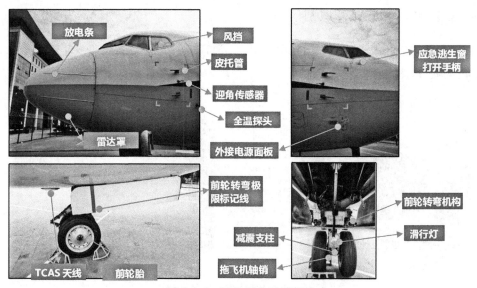

图 1.3.2　飞机机头区域部件

3. 右前机身及翼根区域部件识别

飞机右前机身及翼根区域主要部件包括前勤务门、机腹天线、静压孔、客舱玻璃、机翼照明灯、冲压进气口、可收回着陆灯、转弯灯、下防撞灯、前货舱部件等(图1.3.3)。

　　注：机身下天线表面须完整无损、无明显风蚀，部件上没有裂纹、明显损伤及漆层腐蚀(如果发现漆层腐蚀，说明天线可能已出现损伤，漆层腐蚀、剥落是天线损伤的特征标线)。

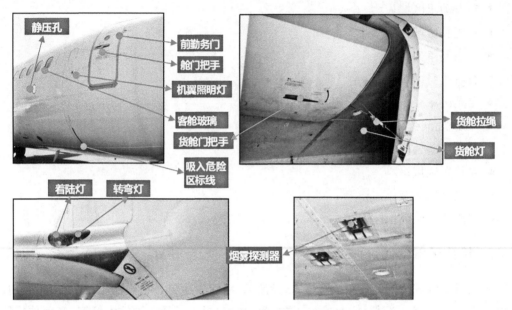

图1.3.3　飞机右前机身及翼根区域部件

4. 右发动机区域部件识别

　　飞机右发动机区域主要部件包括风扇叶片、消音板、T12探头、涡流发生器、反推、风扇整流罩、尾喷等(图1.3.4)。

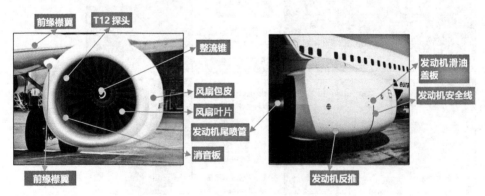

图1.3.4　飞机右发动机区域部件

5. 右机翼区域部件识别

　　飞机右机翼区域主要部件包括缝翼、燃油箱盖板、燃油加油站、抽油活门口盖、尾白灯、频闪灯、位置灯、油箱释压活门、油箱通气口等(图 1.3.5)。

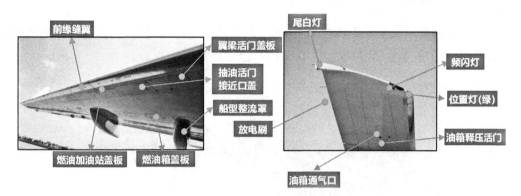

图 1.3.5　飞机右机翼区域部件

6. 右主起落架区域部件识别

飞机右主起落架区域主要部件包括主起落架构件、刹阻、主起落架镜面、主轮、易碎接头、轮舱灯、液压管路、APU 灭火装置、刹车储压器压力指示器、液压油箱等(图 1.3.6)。

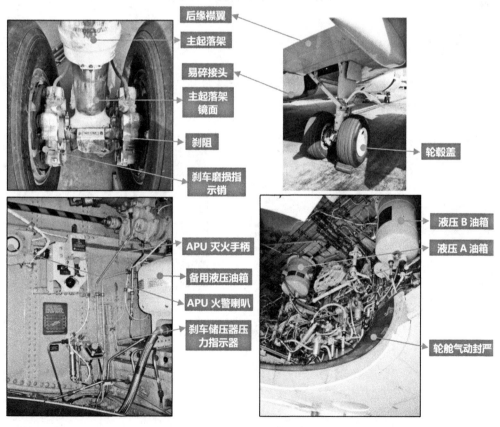

图 1.3.6　飞机右主起落架区域部件

7. 右后机身区域部件识别

飞机右后机身区域主要部件包括后勤务门、后货舱、释压活门、外流活门、饮用水勤务接近盖板、污水勤务盖板、后污水排放口、APU进气口等（图1.3.7）。

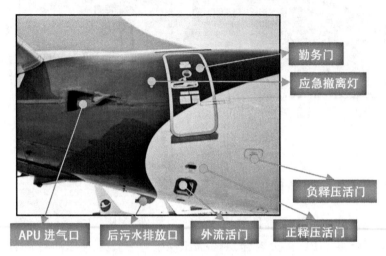

图1.3.7　飞机右后机身区域部件

8. 机尾区域部件识别

飞机机尾区域主要部件包括垂直尾翼、水平尾翼、放电刷、频闪灯、HF天线、皮托管、APU舱门盖板、APU余油口等（图1.3.8）。

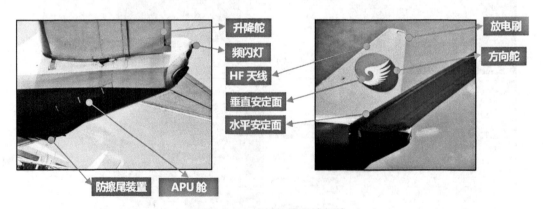

图1.3.8　飞机机尾区域部件

项目练习

1. B737NG 是 B737 家族第（　　）代飞机。

   A. 1　　　　　　　　B. 2　　　　　　　　C. 3　　　　　　　　D. 4

2. B737 飞机驾驶舱可以乘坐（　　）位机组人员。

   A. 1　　　　　　　　B. 2　　　　　　　　C. 3　　　　　　　　D. 4

3. 机身站位线是飞机机身（　　）方向的标注尺寸。

   A. 水平　　　　　　B. 垂直　　　　　　C. 轴向　　　　　　D. 径向

4. 飞机的主要结构有（　　）。

   A. 舱门　　　　　　B. 蒙皮　　　　　　C. 起落架　　　　　D. 雷达罩

5. 灯光系统分为（　　）。

   A. 机外灯光　　　　B. 应急灯光　　　　C. 机内灯光　　　　D. 勤务灯光

6. 液压系统分为（　　）个液压系统。

   A. 1　　　　　　　　B. 2　　　　　　　　C. 3　　　　　　　　D. 4

7. 发动机周围的危险源主要包括（　　）。

   A. 发动机进口吸力　B. 高温排气　　　　C. 排气速度　　　　D. 噪声

8. 氧气系统面板的显示和控制在驾驶舱（　　）面板。

   A. P1　　　　　　　B. P2　　　　　　　C. P5　　　　　　　D. 中央操纵台

9. 跳开关面板（P6）位于（　　）。

   A. 副驾驶座椅后方　　　　　　　　　　B. 机长座椅后方

   C. 副驾驶座椅前方　　　　　　　　　　D. 机长座椅前方

10. 飞机维护人员施工时必须（　　）。

    A. 持工卡　　　　　　　　　　　　　　B. 严格按工作单卡逐项检查

    C. 逐项签字　　　　　　　　　　　　　D. 签字要工整、清楚

资料：常见 B737NG 绕机检查工卡

737NG 航线维护工作单-绕机检查
737NG Line Maintenance Task Card

注册号 Reg No.

工卡号 TC73N-LM-D TC No.	版本 R5 Rev	计划工时 2.0 Hrs Man-hours	参考文件 73N (MP) Ref.
编写/日期 Written by	校对/日期 Checked by		批准/日期 Approved by 2016-07-28

进港航班 Flight No.	航站 Station	放行人 Dispatched	执照号 License	日期 Date

表格 1　机组氧气瓶压力最低放行标准(Crew Oxygen Minimum Dispatch Pressure)

机组人数 Number of Crew	瓶体温度(Bottle Temperature)(℃)												检查值
	−10	−5	0	5	10	15	20	25	30	35	40	45	℃
2	490	500	505	515	520	530	540	545	555	565	570	580	psi
3	660	670	680	695	705	715	730	740	750	760	775	785	psi
4	830	845	860	875	890	900	920	930	945	960	975	990	psi

表格 2　轮胎压力标准(Tire Pressure Limit)

轮胎位置 Tire Position		标准 Limit〔*〕	测量压力 Measured (psi)	充后压力 Inflated (psi)
前起落架 Nose Landing Gear	左侧 L	200~210 psi (左、右压差＜5 psi)		
	右侧 R			
左起落架 Left Landing Gear	左侧 L	205~210 psi (左、右压差＜5 psi)		
	右侧 R			
右起落架 Right Landing Gear	左侧 L			
	右侧 R			
测量条件/Measurement condition			冷胎/Cold Tire □　　热胎/Hot Tire □	

项目 Item	工作内容 Description	工作者 Perf
	勤务工作 Services	
1	安装前、主起落架地面安全销。 Install the landing gear ground safety pins.	
2	确认空速管地面未加温后,按需装上空速管套。 Install covers on the pitot probes after confirming the pitot probes are not heated.	
3	用蘸有液压油(BMS3-32)的干净棉布清洁前起落架、左主起落架、右主起落架的支柱镜面,参考 AMM12-15-61。 Clean chrome of the nose landing gear, left and right main landing gear shock strut with a clean cotton cloth moistened with hydraulic fluid (BMS3－32), ref to AMM12-15-61.	

（续表）

项目 Item	工作内容 Description	工作者 Perf
	寒冷天气维护 Cold Weather Maintenance	
1	如外界温度低于 0 摄氏度,参照工卡 TC73N-LM-SAF,执行寒冷天气航线补充维护工作—航后。 If ambient temperature is below 0 degree centigrade, refer to TC73N-LM-SAF, perform the cold weather line supplemental maintenance work — After Flight.	
	检查工作 Inspection	
1	**机头区域 Nose Area** (1) 目视检查雷达罩及导电条应清洁、完好。 　　Visually inspect radome for condition. (2) 目视检查皮托管、全温探头无损坏及堵塞,迎角传感器应无损坏。 　　Visually inspect the pitot probes and TAT probe for damage and blockage, check the angle of attack vanes for damage.	
2	**前起落架区域 Nose Landing Gear Area** (1) 目视检查前起落架及起落架舱的部件、构件无损伤及异常渗漏。 　　Visually inspect the components and mechanisms for nose landing gear and landing gear wheel well for damage and abnormal leakage. (2) 目视检查起落架减震支柱、轮胎、轮毂、轮毂连接螺栓、螺帽的状态。 　　Visually inspect the landing gear shock strut, including tires, wheel assemblies, wheel assembly attachment bolts and nuts for condition. (3) 检查起落架减震支柱的渗漏和压缩状况,按需勤务。 　　Check landing gear shock strut for leakage and specified extension. Service as necessary. (4) 检查轮胎磨损状况应正常,参见附录一的轮胎磨损标准(BOEING TASK 32-45-00-700-801)。 　　Wear check landing gear tires. (BOEING TASK 32-45-00-700-801) (5) 目视检查滑行灯应完好。(如有安装) 　　Visually inspect taxi light for condition. (If equipped) (6) 目视检查前轮制动块磨损情况,如果摩擦面底部至固定螺栓顶部距离小于 1/16 英寸,则更换。 　　Visually inspect snubber block. Replace if it is less than 1/16 inch thick from bolt to the wear surface.	
3	**右侧前部机身 Right Forward Fuselage** (1) 从地面目视检查机身外表应无明显损伤和异常液体渗漏。 　　Visually inspect the fuselage from ground level for obvious damage and abnormal liquid leakage. (2) 目视检查机组氧气释放指示片(绿色)应在位。 　　Visually inspect the crew oxygen discharge indicator disc for presence. (3) 目视检查静压口应无明显堵塞、损伤。 　　Visually inspect static port for obvious obstruction and damage. (4) 目视检查右冲压空气进、出口区域无堵塞、损伤。 　　Visually check the right ram air inlet/exhaust doors to ensure there are no obstruction and damage. (5) 目视检查飞机底部所有的导航/通讯天线应完好。 　　Visually inspect all NAV/COM antennas located on the bottom of the fuselage for condition. (6) 目视检查前货舱和门框,清洁脏物,对化工品、海鲜、家禽等要特别注意,如有液体溢出应立即彻底清除。 　　Visually inspect fwd cargo compartment and frame. Clean contamination. Pay special attention to chemical products, seafood, poultry etc. Clean entirely immediately if liquid presents. (7) 目视检查防撞灯、着陆灯(如有安装)、转弯灯(如有安装)和机翼照明灯。 　　Visually inspect the anti-collision light, landing light (If equipped), runway turn off light (If equipped) and wing scanning light for condition.	

项目 Item	工作内容 Description	工作者 Perf
4	**右发动机 Right Engine** (1) 目视检查发动机风扇、反推整流罩有无损伤，锁扣是否打开和有无异常液体渗漏。 Visually inspect the engine cowling for obvious damage, open latches and signs of fluid leakage. (2) 目视检查进气整流罩、整流锥、进气道、消音板、风扇叶片、反推、排气尾喷管、尾锥和可视的涡轮叶片有无损伤。 Visually inspect engine cowling, fan rotor spinner, inlet cowls, acoustical panels, fan rotor blades, thrust reverser, turbine exhaust sleeve, plug and visible turbine blades for obvious damage. (3) 检查发动机余油管是否无液体渗漏迹象。 Inspect engine drain tubes for no evidence of leakage. (4) 检查反推装置是否在全收回位，是否无损伤和液体渗漏。 Verify the thrust reverser in fully stowed position, no evidence of damage and leakage. (5) 检查 IDG 滑油量并按需勤务，并检查确认 IDG 压差指示器未弹出。 Check the IDG oil level and service as required, and inspect the IDG Delta P indicator for normal condition.	
5	**右机翼 Right Wing** (1) 从地面目视检查机翼下表面和翼尖有无明显损伤和液体渗漏。 Visually inspect the lower wing surfaces and wing tips from ground level for obvious damage and liquid leakage. (2) 目视检查右机翼飞行操纵面的可视部分有无明显损伤。 Visually inspect the visible portions of the R wing flight control surfaces from ground level for obvious damage. (3) 目视检查放电刷是否完好在位。 Visually inspect the static dischargers for condition. 注：没有翼尖小翼的机翼放电刷有四个，带翼尖小翼的机翼放电刷有两个。 NOTE: There are 4 dischargers without winglet and there are 2 dischargers with winglet on wing (4) 目视检查加油站盖板闭合并固定良好。 Visually check Refuel station panel close and secured. (5) 目视检查 LED 多功能灯组件（如有安装），机翼位置灯和频闪灯应完好。 Visually inspect the LED array assemblies (If equipped), wing position light and strobe light for condition. (6) 目视检查右机翼上表面、盖板、扰流板是否无明显损伤。 Visually check R wing upper surfaces, panels, spoilers for no obvious damage. (7) 确认所有接近门，通气油箱释压活门在关闭位置。 Verify all the access doors, vent tank Relief valves in closed position.	
6	**右主起落架区域和轮舱 Right Main Landing Gear and Wheel Well** (1) 目视检查主起落架及起落架舱的部件、构件有无损伤及异常渗漏。 Visually inspect the components and mechanisms for main landing gear and landing gear wheel well for damage and abnormal leakage. (2) 确认液压回油滤压差指示器芯杆不应跳出。 Check hydraulic system return filter module differential pressure indicator not moving out. (3) 确认刹车储压器压力表压力正常。（压力指示标牌上的曲线对应的压力值＋/－50 psi 或＋/－300 kPa） Check brake accumulator pressure is normal. (the pressure you obtained from the graph on the charging instructions placard ＋/－50 psi or＋/－300 kPa) (4) 目视检查起落架减震支柱、轮胎、刹车、轮毂、轮毂连接螺栓、螺帽状态。 Visually inspect the landing gear shock strut, tires, brakes, wheel assembly, wheel assembly attachment bolts and nuts for condition. (5) 检查轮胎磨损状况，参见附录一的轮胎磨损标准（BOEING TASK 32-45-00-700-801）。 Wear check landing gear tires. (BOEING TASK 32-45-00-700-801) (6) 检查起落架减震支柱的渗漏和压缩状况，按需勤务。 Check landing gear shock strut for leakage and specified extension. Service as necessary. (7) 设置停留刹车，检查刹车毂刹车片指示杆最小伸出量不少于 1 mm。 Check break indicators no less than 1 mm by setting park break.	

（续表）

项目 Item	工作内容 Description	工作者 Perf
7	**右侧后部机身 Right Aft Fuselage** （1）从地面目视检查机身外表有无明显损伤和异常液体渗漏。 Visually inspect the fuselage from ground level for obvious damage and abnormal liquid leakage. （2）目视检查 APU 进气门是否无异物或堵塞。 Visually inspection APU inlet door no obstructions. （3）目视检查后货舱和门框，清洁脏物，对化工品、海鲜、家禽等要特别注意，如有液体溢出应立即彻底清除。 Visually inspect aft cargo compartment and frame. Clean contamination. Pay special attention to chemical products, seafood, poultry etc. Clean entirely immediately if liquid presents.	
8	**尾部区域 Tail Area** （1）从地面目视检查升降舵、水平安定面、方向舵和垂尾的可视部分有无明显损伤。 Visually inspect the visible portions of the elevator, horizontal stabilizer, rudder and vertical fin from ground level for obvious damage. （2）目视检查放电刷是否完好在位（左、右平尾各 3 根，垂尾 4 根）。 Visually inspect the static dischargers for condition. （3）对于 B737-800/900 飞机，目视检查尾撬及其附近区域，确认无擦地痕迹。（BOEING TASK 32-71-00-200-801） FOR B737-800/900 airplanes, visual check tail skid and its vicinity to make sure no evidence of previous rubbing on ground. (BOEING TASK 32-71-00-200-801)	
9	**左侧后部机身 Left Aft Fuselage** （1）从地面目视检查机身外表有无明显损伤和异常液体渗漏。 Visually inspect the fuselage from ground level for obvious damage and abnormal liquid leakage.	
10	**左主起落架区域 Left Main Landing Gear Area** （1）目视检查主起落架及起落架舱的部件、构件有无损伤及异常渗漏。 Visually inspect the components and mechanisms for main landing gear and landing gear wheel well for damage and abnormal leakage. （2）确认液压回油滤压差指示器芯杆没有跳出。 Check hydraulic system return filter module differential pressure indicator not moving out. （3）目视检查起落架减震支柱、轮胎、刹车、轮毂、轮毂连接螺栓、螺帽状态。 Visually inspect the landing gear shock strut, tires, brakes, wheel assembly, wheel assembly attachment bolts and nuts for condition. （4）检查轮胎磨损状况，参见附录一的轮胎磨损标准（BOEING TASK 32-45-00-700-801）。 Wear check landing gear tires. (BOEING TASK 32-45-00-700-801) （5）检查起落架减震支柱的渗漏和压缩状况，按需勤务。 Check landing gear shock strut for leakage and specified extension. Service as necessary. （6）设置停留刹车，确认刹车毂刹车片指示杆最小伸出量不少于 1 mm。 Check break indicator is no less than 1 mm by setting park break. （7）确认发动机灭火瓶压力正常，参见附录二（BOEING TASK 26-20-00-210-802）。 Make sure that the engine fire extinguisher bottle pressures are normal, refer to appendix 2. (BOEING TASK 26-20-00-210-802)	
11	**左机翼 Left Wing** （1）从地面目视检查机翼下表面和翼尖有无明显损伤和液体渗漏。 Visually inspect the lower wing surfaces and wing tips from ground level for obvious damage and liquid leakage. （2）目视检查左机翼飞行操纵面的可视部分有无明显损伤。 Visually inspect the visible portions of the L wing flight control surfaces from ground level for obvious damage.	

（续表）

项目 Item	工作内容 Description	工作者 Perf
11	（3）目视检查放电刷是否完好在位。 Visually inspect the static dischargers for condition. 注：没有翼尖小翼的机翼放电刷四个，带翼尖小翼的机翼放电刷两个。 NOTE：There are 4 dischargers without winglet and there are 2 dischargers with winglet on wing （4）目视检查 LED 多功能灯组件（如有安装），机翼位置灯和频闪灯应完好。 Visually inspect the LED array assemblies (If equipped)，wing position light and strobe light for condition. （5）目视检查左机翼上表面、盖板、扰流板是否无明显损伤。 Visually check L wing upper surfaces，panels，spoilers for no obvious damage. （6）确认所有接近门，通气油箱释压活门在关闭位置。 Verify all the access doors, vent fuel tank relief valves in closed position	
12	左发动机 Left Engine （1）目视检查发动机风扇、反推整流罩有无损伤，锁扣是否打开和有无异常液体渗漏。 Visually inspect the engine cowling for obvious damage，open latches and signs of fluid leakage. （2）目视检查进气整流罩、整流锥、进气道、消音板、风扇叶片、反推、排气尾喷管、尾锥和可视的涡轮叶片有无损伤。 Visually inspect engine cowling，fan rotor spinner，inlet cowls，acoustical panels，fan rotor blades，thrust reverser，turbine exhaust sleeve，plug and visible turbine blades for obvious damage. （3）检查发动机余油管是否无液体渗漏迹象。 Inspect engine drain tubes for no evidence of leakage. （4）确认反推装置在全收回位，无损伤和液体渗漏。 Verify the thrust reverser in fully stowed position，no evidence of damage and leakage. （5）检查 IDG 滑油量并按需勤务，检查确认 IDG 压差指示器未弹出。 Check the IDG oil level and service as required，and inspect the IDG Delta P indicator for normal condition.	
13	左侧前部机身 Left Forward Fuselage （1）从地面目视检查机身外表有无明显损伤和异常液体渗漏。 Visually inspect the fuselage from ground level for obvious damage and abnormal liquid leakage. （2）目视检查左冲压空气进出口区域有无堵塞、损伤。 Visually check the left ram air inlet/exhaust doors to ensure there are no obstructions and damage. （3）目视确认各排放口畅通、无异常渗漏。 Visually check the drain masts and drains for fluid leakage. （4）目视检查静压口有无明显堵塞、损伤。 Visually inspect static port for obvious obstruction and damage. （5）目视检查防撞灯、着陆灯（如有安装）、转弯灯（如有安装）和机翼照明灯状态。 Visually inspect the anti-collision light，landing light (If equipped)，runway turnoff light (If equipped) and wing scanning light for condition.	
	结束工作 Close	
1	（1）确认驾驶舱、货舱各电门、跳开关在正常位置，机上无其他人员或外来物，窗户、舱门关闭。 Make sure all switches，circuit breakers in normal position，no other personnel or foreign objects in the cabin，doors and windows are closed. （2）如有需要，将 APU 电源电门置于 OFF，将 APU 电门置于 OFF，将电瓶电门置于 OFF。 If necessary，put APU Power switch to OFF. Shut off APU. Put Battery switch to OFF. （3）如有需要，确认各舱门、盖板闭合，给舱门贴上封条，从飞机周围移开工作梯、电源车等设备。 If necessary，make sure all doors，access panels closed and sealed. Keep equipments away from airplane.	

项目二

ATA25 设施设备识别及常见维护

飞机上的设施设备为乘客和机组提供舒适、方便、安全的环境,并且用于存储货物。飞机上的设施设备包括驾驶舱设施设备、客舱设施设备、货舱设施设备、紧急设施设备。

任务一　驾驶舱设施设备

驾驶舱内的正常设施设备包括机长座椅、副驾驶座椅、第一观察员座椅、第二观察员座椅和其他杂项设备,为驾驶员和观察员正常操纵飞机、执行任务提供方便。驾驶舱座椅需要重点考虑机组人员操控飞机时的安全性、便捷性以及舒适性等方面。

1. 机长座椅和副驾驶座椅

机长和副驾驶座椅安装固定在驾驶舱地板之上,两个座椅采用镜像对称设计,操作方式相同,可通过电动或手动方式进行垂直、水平、俯仰调节。座椅由底座结构和上部组件两部分基本结构组成。通过座椅底座可以控制座椅前后位置。通过四个转向单元可以方便地调整座椅位置。通过轨道锁定机构可以设置座椅在轨道上的前后运动。每个座位轨道的后端向外侧弯曲,这使得座位可以向外移动。座椅上部组件包括扶手高度调节、座椅靠背调节等调节机构,用于调整座椅高度、坐垫高度、扶手高度、靠垫位置、头枕位置。座椅上一般采用高强度的五点式安全带,以确保机组人员能够承受飞行过程中产生的任何过载。座椅后背上有一个控制手柄,可用于锁定安全带伸缩装置。机长座椅见图 2.1.1。

图 2.1.1　机长座椅

2. 观察员座椅

飞机上可以配备第一观察员座椅和第二观察员座椅。观察员座椅通常采用可收纳式设计,可以向上折叠和水平移动。第一观察员座椅包括靠背、安全带、坐垫、伸缩销、金属框架、铰链。金属框架支撑着座椅,右侧的铰链将座椅底部连接到驾驶舱的右壁上。从收藏位打开座椅时,需要按压座椅解锁手柄。在座椅底部的左侧有两个可伸缩的销钉,在使用时,这些销钉将座椅固定在相邻的壁上;当不使用时,座椅可折叠到飞行舱壁上。第二观察员座椅在机长座椅后面的驾驶舱舱壁上,座椅下部存放有救生衣。观察员座椅位置及结构见图 2.1.2 和图 2.1.3。

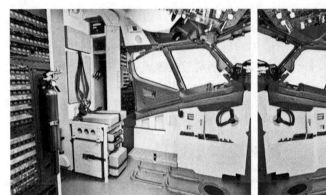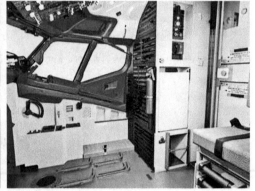

图 2.1.2 观察员座椅位置

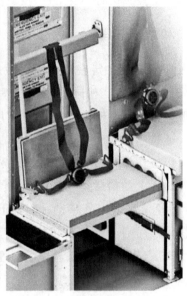

图 2.1.3 观察员座椅结构

3. 杂项设备

每个机组人员位置上均有全套空勤设备,包括氧气调节器及面罩、阅读灯、无线电耳机等。另外驾驶舱内还有消防斧、防火手套和防烟面罩等设备。见图 2.1.4。

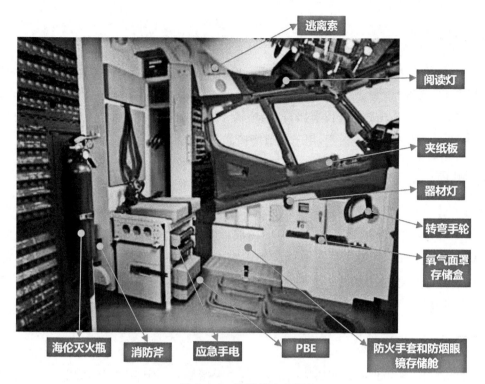

图 2.1.4 驾驶舱杂项设备

任务二 客舱设施设备

客舱设施设备为乘客和乘务员提供舒适、方便、安全的环境。客舱设施设备主要分布在公共区域和座位区域。公共区域设施设备包括客舱乘务员座椅、厨房设备、卫生间设备以及一些辅助设备。座位区域设施设备主要包括头等舱旅客座椅、经济舱旅客座椅、头顶行李箱、乘客服务单元等(图 2.2.1)。

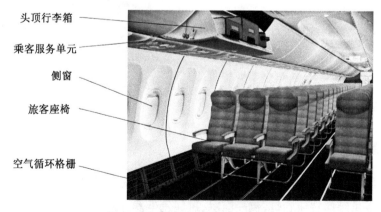

图 2.2.1 座位区域主要设施设备

1. 旅客座椅

旅客座椅安装在客舱地板的座椅轨道上。旅客座椅主要包括座椅结构架、坐垫、靠垫、头枕、扶手、安全带、折叠小桌板、书报夹和救生衣存放袋,座椅下方有救生衣,储存在救生衣存放袋里。座椅下方安装有行李挡杆,当座椅下方存放行李时,挡杆可防止行李向前滑动。座椅扶手处有座椅调节按钮,用于调节座椅靠背角度。

2. 侧窗

侧窗(图 2.2.2)用于旅客观察机外情况,客舱两侧壁板上每隔 6 m 左右设有一个侧窗,上缘一般与旅客视线平行,由三层玻璃构成:里层为有机玻璃,防碰撞;中间层为抗压玻璃,有小通风孔;外层为抗压玻璃。观察窗上还备有遮光板,可以上下移动停留在任意位置,用于遮挡外界阳光。目前 B787 等客机已经取消了遮光板,可用电动按钮调节侧窗光线亮度。

3. 头顶行李箱

头顶行李箱(图 2.2.3)位于座椅的上方,通过松紧螺套固定在飞机结构上,用于装载行李和旅客随身物品。不同位置的头顶行李箱的长度和宽度不同。每个头顶行李箱有一个向上或向下开启的门,推动或拉动行李箱上的手柄,可打开行李箱的门。

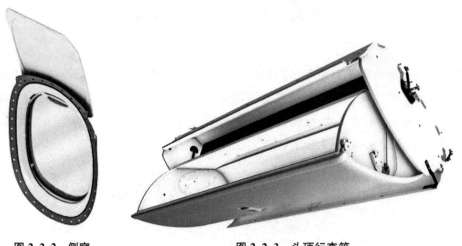

图 2.2.2　侧窗　　　　　　　　　　图 2.2.3　头顶行李箱

4. 乘客服务组件

乘客服务组件(PSU)位于每排座椅的上方,包括系安全带和禁止吸烟标志、空调出风口、扬声器、服务员呼叫按钮和灯、氧气面罩、氧气发生器、阅读灯等(图 2.2.4)。

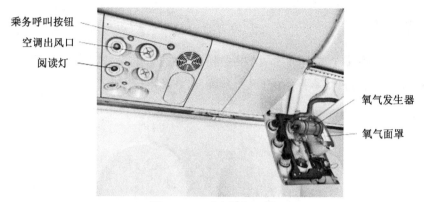

乘务呼叫按钮
空调出风口
阅读灯
氧气发生器
氧气面罩

图2.2.4　乘客服务组件

5. 衣帽间和储物柜

衣帽间和储物柜位于飞机的前舱或后舱,分为有门和无门两种,衣帽间内部都装有灯。衣帽间可供头等舱旅客挂放衣物、存放婴儿摇篮等。储物柜用于存放应急设备和服务用品。中、短程航线客机由于飞行时间短,有的不设置衣帽间。

6. 乘务员座椅

乘务员座椅(图2.2.5)包括铝制结构、坐垫、背垫、头枕、储物盒和安全带。当不使用乘务员座椅时,借助弹簧可将其收起。座椅坐垫可以被拆下作为漂浮设备使用。座椅下方的储存盒里有救生衣和应急手电筒。

图2.2.5　乘务员座椅

7. 厨房设备

厨房一般位于客舱的前段和后段,用于准备餐饮、储存供应品、放置餐车等用具。厨房设备包括餐车、烤箱及烤炉架、煮咖啡器、烧水杯、供应品备份箱、厨房配电板、冷风机等(图2.2.6)。

图2.2.6　厨房设备

8. 洗手间设备

现代客机都设有多个洗手间，每个洗手间内都有完善的设备，包括马桶组件、卫生用品箱、废纸箱、洗手盆组件、烟雾探测器、灭火系统、水系统等（图 2.2.7）。

图 2.2.7　洗手间

任务三　货舱设施设备

1. 货舱

货舱一般位于客舱地板下方，提供运送行李和货物的空间（图 2.3.1）。货舱一般分为前货舱、后货舱、散货舱。前、后货舱一般用于装载标准集装箱或货盘打包的货物。散装货舱一般用于装载旅客行李箱或者打包的小件货物。部分机型还可以在前后货舱选装半自动货舱装载系统，地面勤务人员可通过货舱门旁的控制面板进行操作。半自动货舱装载系统和控制面板见图 2.3.2。除此以外，货舱还有固定散装货物的货网、绳索和固定点等设备。

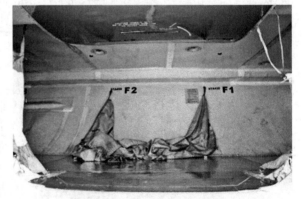

图 2.3.1　货舱

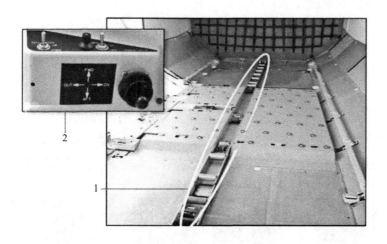

1—半自动货舱装载系统；2—控制面板

图 2.3.2　半自动货舱装载系统和控制面板

2. 集装箱

集装箱(图2.3.3)有多种型号，如LD-1、LD-2、LD-3、LD-4、LD-5、LD-6、LD-7、LD-8等。有些集装箱(如LD-4、LD-5等)是长方形集装箱，它们可以获得最大化的货运堆放效益。大多数集装箱有特殊的外形尺寸，它们与机身轮廓相符合，因此可以获得最大的有效货运容量。对于现代民用宽体飞机，大多数下部装载式集装箱可以通用，这样便于将一种机型上所装的货物转移到另一种机型上去。

图 2.3.3　集装箱

3. 货盘

当货舱内装有货盘的系留设备时，货舱内可装载货盘。这些设备有助于在导轨上快速安装和拆卸货物。

任务四　紧急设施设备

当飞机发生紧急情况时,应急设备可为机组人员和乘客提供有效的救助,保障人员安全。应急设备分布在驾驶舱和客舱的不同位置,主要包括:紧急撤离设备、救生设备、应急供氧设备、消防设备、应急医疗设备和其他应急设备。驾驶舱应急设备见图2.4.1。

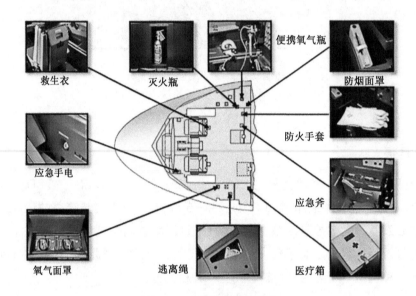

救生衣　　灭火瓶　　便携氧气瓶　防烟面罩　防火手套　应急手电　应急斧　氧气面罩　逃离绳　医疗箱

图 2.4.1　驾驶舱应急设备

1. 紧急撤离设备

紧急撤离是指飞机运行时出现严重紧急情况,如飞机失火、机械故障、燃油泄漏等,需要紧急着陆或迫降时采取的快速撤离飞机的行为。

在紧急情况下,为了快速疏散乘客,由机长同步使用旅客广播和应急撤离信号向全机发布撤离指令。撤离信号系统(图2.4.2)一般包含撤离信号发布、灯光提示、音响提示和撤

图 2.4.2　撤离信号系统

离声响指示等几个模块。机组人员通过驾驶舱应急撤离电门发出撤离信号,撤离指示灯亮,蜂鸣器/扬声器发出警告音响。在客舱乘务面板处同样设置有应急撤离指示灯、蜂鸣器/扬声器和声响提示抑制按钮,同样可以发出撤离信号。客舱地板有荧光指示条,可以在缺少照明的紧急情况下指引乘客安全撤离飞机。

飞机的紧急出口包括登机门、服务门、机翼上的应急窗以及驾驶舱中的滑动窗。飞机的紧急出口如图 2.4.3 所示。在驾驶舱需要紧急疏散时,机组可以打开滑动窗,使用 2 号窗

图 2.4.3　飞机的紧急出口

上方的应急逃离绳(图 2.4.4)进行撤离。而部分现代飞机取消了滑动窗设计,采用固定方式安装曲面玻璃,以减小风阻。通常,此类飞机会在驾驶舱右侧的头顶设置一个应急出口,用于飞行员逃生。

登机门、服务门装有救生滑梯,遇水上撤离时,可使救生滑梯脱离机体,作救生船使用,但只能少量乘客乘坐。A320 在机翼处装有救生滑梯,该滑梯是向飞机尾部展开的双通道滑梯,不能用作救生船。救生滑梯如图 2.4.5 所示。

图 2.4.4　应急逃离绳的形状和位置

图 2.4.5　救生滑梯

救生滑梯表层为尼龙材料,内部装有气瓶,气瓶内灌充二氧化碳和氮气的混合物。飞机关门后,乘务员会预位滑梯。当滑梯预位手柄设置在预位状态时,梯带杆将滑梯包组件连接到地板固定件上。滑梯包组件位置见图 2.4.6。一旦发生紧急情况需要撤离时,可将客舱门手柄提起,舱门在阻尼以及应急释放作动筒的作用下快速打开,逃生滑梯会自动展开并自动充气。逃生滑梯从展开到使用位正常应在 3 s 之内完成。如果逃生滑梯展开后没有自动充气,可以拉一下红色人工充气手柄进行充气。应定期检查逃离滑梯充气压力,同时还应定期按照手册要求进行滑梯释放试验,检查活门工作情况及滑梯有无切口、撕裂、刺破等现象。

图 2.4.6　滑梯包组件位置

2. 救生设备

救生船(图 2.4.7)是海上待救的漂浮救生设备,一般储存在最靠近应急出口的行李架上,有的会安装在客舱天花板上。救生船由可充气的船体、充气组件、救生包和尼龙存储包四个系统组成。船体为两个独立的气囊,充气组件包含气瓶、充气活门、充气软管、引射泵。救生船上配备定位装置、浮力装置、锚、救生绳、推进设备、避雨设备、手电筒、呼救信号发生器等装置。

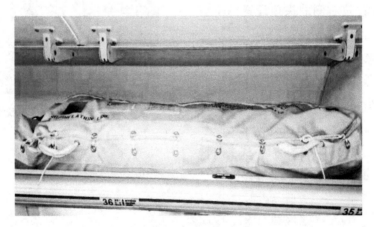

图 2.4.7　救生船

救生衣(图 2.4.8)用于水上迫降、紧急撤离时提供浮力,供机上人员水中漂浮时使用。救生衣存储在客舱内旅客座椅下方或扶手内。救生衣的部件包括定位灯、人工充气管、海水电池、人工充气手柄和腰带及卡扣等。通常机组救生衣为红色,旅客救生衣为黄色。旅客救生衣又分为成人救生衣和儿童救生衣。救生衣经头部穿戴好后,需系紧腰带并插好卡扣。跳水前向下拉动充气拉环,气瓶可以快速释放二氧化碳,给救生衣充气。若气瓶失效或者救生衣气压不足,可以使用嘴往救生衣内充气。定位灯用于夜间水上迫降,便于搜救人员搜寻。入水后拔掉救生衣上的标志,定位灯接通电源。海水电池用于给定位灯供电。电池浸水后,几秒钟内定位灯会自动发光,并可持续 8～10 h。

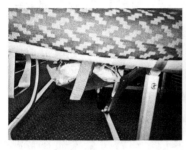

图 2.4.8　救生衣

应定期检查救生衣,检查项目有:印在救生衣或用标签贴在救生衣上的全部使用说明是否清晰;救生衣的外包装有无裂缝、孔洞、撕开、接缝开胶和一般变质情况;所有二氧化碳气瓶是否都在使用期内。

救生包是紧急撤离后的自救装备,存放在滑梯或救生船内。陆上紧急撤离后救生包悬挂在滑梯上,水上紧急撤离并到达安全区域后应将救生包从水中捞出。救生包内一般包含信号筒、安全灯棒、反光镜、海水手电筒、海水着色剂、水桶、海绵、修补夹具、人工充气泵、茶苯海宁片、水净化药片、消毒绷带包、碘酒擦、烧伤药膏、眼药膏、唇膏、蔗糖、饮用水、哨子、多功能刀具、生存指南。

紧急定位发射器(ELT)是飞机上的应急通信设备(图 2.4.9),分为固定式与便携式两种,具有自动向卫星发送定位信号的功能,可用于飞机发生事故后的紧急定位,以帮助完成搜救工作。固定式 ELT 安装在飞机尾部,便携式 ELT 通常安装在客舱内。

ELT 由发射机、电池、天线等组成,电池是氯化银或氯化镁原电池,正常情况下电池是一个干燥的惰性电池,不会触发电路工作。ELT 的天线沿着发射机方向折叠并用水溶性

图 2.4.9　紧急定位发射器

的绑带固定,当飞机遭遇剧烈撞击或触水时,ELT 会自动开启,绑带松脱使天线展开,继而发射 121.5/243 MHz 信号,持续时间一般不少于 24 h,工作范围约 350 km,国际卫星搜救组织的卫星系统可以接收到该应急信号。

3. 应急供氧设备

为了确保机组成员和旅客的生命安全,当飞机座舱增压系统在空中飞行中失效时,飞

行员会选择快速将飞机下降至安全高度以弥补氧气量的供应,在这期间由飞机氧气系统提供必要的氧气以防止人员失能。飞机氧气系统还可以在其他紧急情况(如医疗急救或有特殊运行需求时)下按需提供氧气。

飞机氧气系统包含机组氧气系统、旅客氧气系统和手提便携式氧气系统,这三部分在大多数飞机上都是各自独立的。

机组氧气系统(图 2.4.10)采用高压氧气瓶单独为驾驶舱区域提供氧气,确保驾驶舱内机组人员可以按需随时使用氧气。气瓶通常储存在驾驶舱地板下方、电子设备舱或者货舱。每个瓶体上都有一个氧气压力调节器,调节器将高压氧气调压后输送给分配总管,再通过面罩本体上的稀释供氧调节器为机组供氧。航空高压氧气瓶为不同规格的深绿色瓶体,使用合金钢或复合纤维材料缠绕铝合金内胆制造技术制成。通常每个气瓶在常温(21 ℃)下储存时的氧气压力高达 1 850 psi(1 psi≈6.895 kPa),容量最大为 3 200 L。

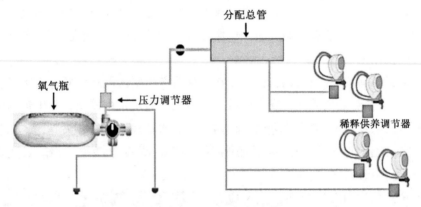

图 2.4.10　机组氧气系统

旅客氧气系统采用化学氧气发生器制氧或高压氧气瓶供氧,在客舱、厕所、乘务员工作区和机组休息区(如有)都安装有氧气面罩(图 2.4.11)。当飞机释压、氧气面罩自动脱落或人工超控放下氧气面罩时,该系统向客舱的乘务人员和旅客提供氧气。但有些大型客机也采用高压氧气瓶调压后通过分配管路同时为飞行机组和旅客供氧的方式。

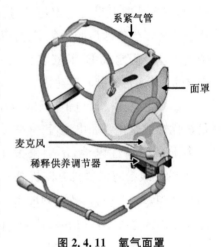

图 2.4.11　氧气面罩

便携式手提氧气瓶(图 2.4.12)分布于整个飞机的不同地方,由乘务员向有需要的人员提供。便携式氧气设备包括便携式氧气瓶、保护式呼吸设备等。便携式氧气瓶也叫手提气瓶,包括气瓶本体和头部设备。氧气瓶的容量通常约为 310 L,最大灌充压力为 1 800 psi。

便携式氧气瓶有两种面罩:一种是全脸防烟面罩,这种面罩有一个需求调节器确保使用者呼吸时只吸入氧气,防止吸入烟雾或有毒气体,但全脸防烟面罩在应急时不方便使用;

图 2.4.12　便携式氧气瓶

另一种面罩是连续流量氧气面罩,主要用于急救。

氧气瓶头部组件装有面罩的接头,使用时连接好面罩与瓶的接头,打开氧气瓶关断活门,可使得氧气瓶向面罩供气。保护式呼吸设备类似于防烟面罩,采用真空包装,存放于驾驶舱和客舱专用储存盒内,储存盒上有可用性指示器,用来显示保护式呼吸设备的可用状态。保护式呼吸设备由面罩本身、内口罩和氧气发生器组成。存储盒上的指示器对湿度敏感,如发现指示器的颜色发生改变,必须更换新件。如果出现烟雾、火焰和有毒气体,可以使用保护式呼吸设备提供约 15～20 min 的氧气。

4. 消防设备

飞机上发生火情后,为了确保安全,必须以最快的速度灭火。灭火系统通常包括便携式灭火瓶(也称手提灭火瓶)以及在特定区域安装的固定式灭火瓶。一般来说,在大部分飞机上,发动机、APU、洗手间及货舱均安装有固定式灭火系统,客舱、驾驶舱均安装有手提灭火瓶。

洗手间自动释放灭火瓶(图 2.4.13)的原理及结构较为简单,该灭火瓶用于废纸箱内火情。灭火瓶喷管末端塞有易熔金属,当废纸箱出现火情后,废纸箱上部的灭火瓶喷管易熔金属熔化(一般熔点为 78 ℃),然后灭火剂直接喷入废纸箱扑灭火焰。日常维护时需要检查该瓶本体的压力直读表,定检或者更换该灭火瓶时需按照手册要求称重检查。

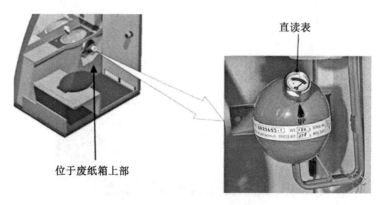

直读表

位于废纸箱上部

图 2.4.13　自动释放灭火瓶

客舱及驾驶舱手提灭火瓶(图2.4.14)通常为卤代烷灭火瓶,部分机型会选装水灭火瓶。卤代烷手提灭火瓶预充气压到100 psi。通过灭火瓶上的直读表可以检查压力情况,指针位于绿区说明压力正常。为了防止误释放,手提灭火瓶平时卡在托架上或带有安全销,使用时需从架上取下并按压手柄,其灭火范围长达4 m,持续喷射时间大约6 s。相比客舱的手提灭火瓶,货舱手提灭火瓶内灌的灭火剂更多、重量更大,这种灭火瓶的喷口还带有软管,这样操作更方便,喷射范围更广。

手提灭火瓶需要定期检查,以确保其能可靠使用。检查内容主要包括目视检查托架是否有损伤,检查下一次翻修日期,检查灭火瓶是否被使用。如压力表指针处于绿区及安全销在位,可以确认灭火瓶未被使用。当发现指针不

图2.4.14　手提灭火瓶

在绿区范围或者安全销未被正确安装时,需要更换灭火瓶;如果发现灭火瓶已到翻修日期也需要更换。翻修日期标记在灭火瓶外的标签上,这个标签上也标注有使用说明、灭火剂种类及灭火瓶重量。

5. 应急医疗设备

为处置飞行中出现的医学事件,依据《大型飞机公共航空运输承运人运行合格审定规则》(CCAR - 121 - R5)规定,实施定期载客运输飞行的最大起飞全重超过5 700 kg的多发飞机和实施不定期载客运输飞行的旅客座位数超过30座或者最大商载超过3 400 kg的多发飞机需配备应急医疗设备。应急医疗设备应包括急救箱、应急医疗箱和卫生防疫包,以及箱(包)里所需的医疗用品和器械。

急救箱(图2.4.15)用于对旅客或者机组人员进行止血、包扎、固定等应急处理。每只

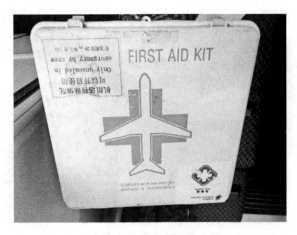

图2.4.15　急救箱

急救箱内至少配备以下医疗用品：绷带、敷料(纱布)、三角巾(带安全别针)、动脉止血带、外用烧伤药膏、手臂夹板、腿部夹板、胶布、剪刀、皮肤消毒剂及消毒棉、橡胶手套或者防渗透手套。

应急医疗箱(图 2.4.16)由医疗中心配备，用于在旅客或机组人员意外受伤时或者遇到医学急症时进行应急医疗处理。每只应急医疗箱内至少配备以下医疗用品：血压计、听诊器、口咽通气道、静脉止血带、脐带夹、医用口罩、医用橡胶手套、皮肤消毒剂、消毒棉签(球)、体温计(非水银式)、注射器(2 mL、5 mL)、0.9%氯化钠溶液、1∶1 000 肾上腺素单次用量安瓿、盐酸苯海拉明注射液、硝酸甘油片、阿司匹林口服片、应急医疗箱手册(含药品和物品清单)、知情同意书、事件记录本或机上应急事件报告单、塑料铅封(红色)。

图 2.4.16　应急医疗箱

卫生防疫包(图 2.4.17)由医疗中心配备，用于清除客舱内具有潜在传染性的血液、尿液、呕吐物等，并进行消毒，在护理可疑传染病病人时提供个人防护。每只卫生防疫包内至少配备以下医疗用品：液体及排泄物消毒凝固剂、表面清理消毒片、皮肤消毒擦拭纸巾、医用口罩和眼罩、医用橡胶手套、防渗透橡胶(塑料)围裙、大块吸水纸(毛)巾、便携拾物铲、生物有害物专用垃圾袋、物品清单和使用说明书、事件记录本或机上应急事件报告单。

图 2.4.17　卫生防疫包

资料：某飞机应急设备示意

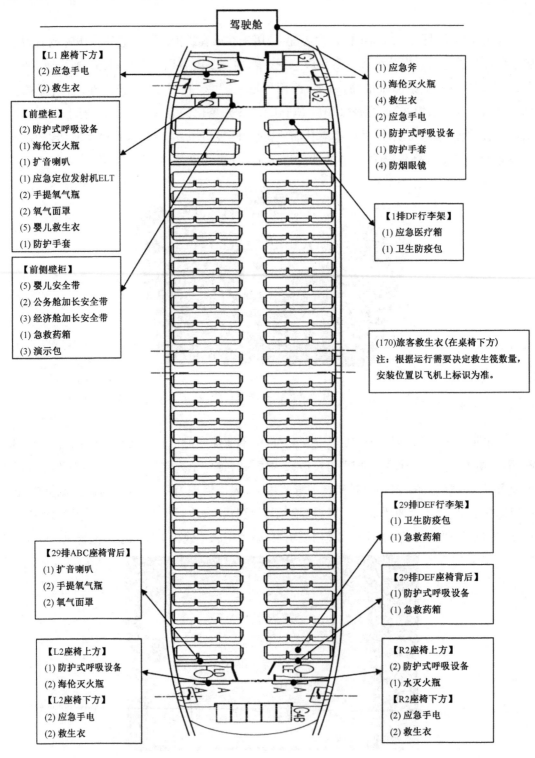

驾驶舱

【L1 座椅下方】
(2) 应急手电
(2) 救生衣

【前壁柜】
(2) 防护式呼吸设备
(1) 海伦灭火瓶
(1) 扩音喇叭
(1) 应急定位发射机ELT
(2) 手提氧气瓶
(2) 氧气面罩
(5) 婴儿救生衣
(1) 防护手套

【前侧壁柜】
(5) 婴儿安全带
(2) 公务舱加长安全带
(3) 经济舱加长安全带
(1) 急救药箱
(3) 演示包

(1) 应急斧
(1) 海伦灭火瓶
(4) 救生衣
(2) 应急手电
(1) 防护式呼吸设备
(1) 防护手套
(4) 防烟眼镜

【1排DF行李架】
(1) 应急医疗箱
(1) 卫生防疫包

(170)旅客救生衣(在桌椅下方)
注：根据运行需要决定救生筏数量，
安装位置以飞机上标识为准。

【29排DEF行李架】
(1) 卫生防疫包
(1) 急救药箱

【29排ABC座椅背后】
(1) 扩音喇叭
(2) 手提氧气瓶
(2) 氧气面罩

【29排DEF座椅背后】
(1) 防护式呼吸设备
(1) 急救药箱

【L2座椅上方】
(1) 防护式呼吸设备
(2) 海伦灭火瓶
【L2座椅下方】
(2) 应急手电
(2) 救生衣

【R2座椅上方】
(2) 防护式呼吸设备
(1) 水灭火瓶
【R2座椅下方】
(2) 应急手电
(2) 救生衣

注：数字表示安装个数。

任务五　常见飞机设备与装饰系统维护工作

1. 登机门、勤务门滑梯预位和解除预位操作

警告与告诫

① 警告：人员、设备和其他物品要远离滑梯释放危险区域，否则会造成人员受伤和设备损坏。

② 告诫：确保束缚杆安装在束缚杆固定器中。如果束缚杆未安装在束缚杆固定器中，逃生滑梯可能会意外释放，导致人员受伤或设备损坏。

维修工作单

❶ 操作前准备

确认从机身到机身外侧 10 m 和从门前 2 m 到门后 2 m 的区域内没有障碍物。

❷ 滑梯预位操作

1. 从客舱内部关闭登机门、勤务门；
2. 确认滑梯充气瓶压力指示在绿区；
3. 将滑梯组件下方的束缚杆从束缚杆固定器上取下；
4. 将束缚杆放在逃离滑梯地板锁钩内，确认固定牢靠；
5. 将预位警告带（橙红色）拉下，跨过门观察窗，以警告飞机外面人员。

❸ 滑梯解除预位操作

1. 将束缚杆从地板锁钩中取出；
2. 将束缚杆安装在滑梯组件下方的束缚杆固定器中；
3. 将预位警告带（橙红色）安装在门观察窗上方，提醒机外人员已解除滑梯预位。

---

2. 飞机厨房烤箱的跳开关复位方法和更换

烤箱的构型多种多样，但除了使用操作上有少许差别外，其他地方基本一致，比如功能和安装方式。飞机客舱烤箱跳开关位于厨房的电源和跳开关面板上，烤箱都带有跳开关，能起到安全保护作用。本体跳开关的位置视烤箱的具体型号而定，一般在烤箱的后部和侧面。

维修工作单

❶ 操作前准备

1. 打印现行有效的手册。

注：烤箱的构型多种多样。

2. 准备合适的工具，主要有警告牌×2，大十字螺丝刀×1，内六角扳手×1，防咬剂，WD－40除锈剂。

3. 给厨房断电。

❷ 施工步骤

1. 确认烤箱构型，找出烤箱本体跳开关的位置。

2. 检查烤箱本体跳开关是否跳出。

3. 如果跳出，查阅维修记录，看跳开关跳出是否多次反应。第一次反应的话，可以按压复位，然后安装，再测试烤箱性能。如果是多次反应的故障，应该更换新的烤箱，并测试。

4. 在厨房的电源跳开关面板上拔出相应的跳开关，并设置警告牌。

注：烤箱的工作电压是 115 V 交流电，所以工作时要注意人身安全，防止触电。

5. 拆下烤箱底部的两颗固定螺钉。

注：烤箱底部的两颗固定螺钉由于力矩较大和工作环境的影响，很容易锈蚀，拆装前应先喷些 WD－40除锈剂。如果还无法拆下，应该立即请内场支援。

6. 将烤箱从安装架上水平拔出。

7. 在烤箱的电插头上装上保护盖。

8. 将烤箱放置在水平、稳定的地面上。

9. 将电插头上的保护盖取下。

10. 将烤箱放置在安装架上，并水平推入到止动位。

11. 安装烤箱底部的两个固定螺钉。

注：安装该螺钉前应该涂点防咬剂。

12. 闭合厨房电源跳开关面板上的相应跳开关，并移除警告牌。

❸ 施工结束步骤

1. 打开 ON/OFF（或者 POWER）开关，给烤箱供电。

2. 选择加热的功率（一般有 LOW、MIDDLE、HIGH 三种选择）。

3. 通过旋钮或按键选择加热时间。

4. 按压 START 键，烤箱开始工作，确保能听到风扇转动的声音。

5. 等待至加热时间，烤箱自动停止加热。

6. 打开烤箱，确认烤箱内环境的温度达到预设的温度。

3. 飞机设备与装饰系统维护安全注意事项

① 人员、设备和其他物品要远离滑梯释放危险区域，以防造成人员受伤和设备损坏。

② 确保束缚杆安装在束缚杆固定器中。如果束缚杆未安装在束缚杆固定器中,逃生滑梯可能会意外释放,导致人员受伤或设备损坏。

③ 拆下滑梯组件盖子前,先在滑梯充气瓶上安装安全销。如果没有安全销,逃生滑梯可能会意外充气。如果滑梯意外释放,会造成人员受伤和设备损坏。

④ 当逃离滑梯被安装到飞机上时,销钉必须被取下保证滑梯在紧急情况下可用。

项目练习

1. 检查救生衣二氧化碳充气瓶充气量的方法是(　　　)。
   A. 直接检查气瓶压力　　　　　　　　　B. 称重
   C. 检查气瓶压力,并进行温度修正　　　D. 在规定温度下检查气瓶充气压力

2. 用于驾驶舱和客舱的手提式灭火瓶内的灭火剂一般是(　　　)。
   A. 干粉灭火剂　　　　B. 水　　　　　C. 卤代烃　　　　　D. 惰性气体

3. 现代民航客机驾驶员安全带是(　　　)。
   A. 高强度四点式安全带　　　　　　　　B. 高强度五点式安全带
   C. 高强度六点式安全带　　　　　　　　D. 高强度七点式安全带

4. 给灭火瓶称重量,可以检查灭火瓶的(　　　)。
   A. 压力的大小　　　　　　　　　　　　B. 灭火剂的数量
   C. 爆炸帽内炸药量的多少　　　　　　　D. 使用寿命

5. 飞机上使用的手提式高压氧气瓶的压力一般为(　　　)。
   A. 2 500 psi　　　　B. 1 800 psi　　　C. 180 psi　　　　D. 400 psi

6. 怎样用人工打开旅客服务组件面板门?(　　　)。
   A. 无法达成　　　　　　　　　　　　　B. 取下两个快检扣件
   C. 拉复位钮并旋转之,以松开门上锁扣　D. 将一个小圆棍插入门锁扣松开孔

7. 旅客行李架多采用(　　　)材料结构。
   A. 铝合金　　　　　B. 钛合金　　　　C. 蜂窝夹层复合　D. 石墨烯

8. 哪些设备属于机上厨房设备?(　　　)
   A. 烧水器　　　　　B. 烤箱　　　　　C. 咖啡机　　　　D. 救生衣

9. 机组驾驶舱常有的应急设备是(　　　)。
   A. 水灭火瓶　　　　B. 消防斧　　　　C. PBE　　　　　D. 应急手电

10. 下列对飞机舱门打开说法正确的是(　　　)。
    A. 舱门预位后,可以继续开启舱门
    B. 开舱门前,应确保束缚杆安装在束缚杆固定器中
    C. 如舱门已预位,应及时将窗口警示带挂上
    D. 开舱门前,应检查舱门外情况

项目三

ATA33 灯光系统识别及常见维护

任务一 认识灯光系统

灯光系统是飞机必不可少的一个系统,无论是大型飞机还是小型飞机,无论是军用飞机还是民航客机,都离不开灯光系统。灯光系统给飞机各个运行阶段(如滑行、起飞、巡航、降落等阶段)提供灯光照明和指示,以满足不同的功能需要,保障飞机的飞行安全。见图 3.1.1。

表 3.1.1 灯光系统

灯光系统	作用	范围
机外灯光	指安装在飞机外部的灯光,主要用于在夜间或复杂的气象条件下给飞机的飞行安全提供必要的机外照明	包括航行灯、着陆灯、滑行灯、大翼照明灯、防撞灯等
机内灯光	主要用于给旅客提供舒适的照明环境,也为机组和地勤人员提供工作或维修所需的照明	包括驾驶舱灯光、客舱灯光、货舱灯光、勤务舱灯光
应急灯光	当飞机处于应急状态下主电源失效时,给飞机上的机组和旅客提供应急照明以及后续的应急撤离指示	包括客舱应急照明、逃生通道照明、应急出口位置照明、应急出口外部照明

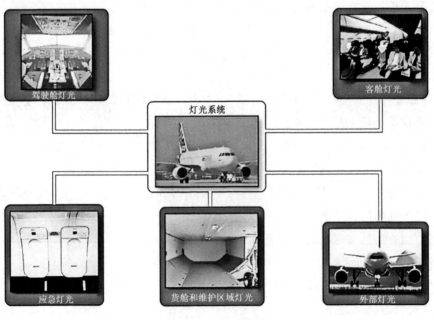

图 3.1.1 灯光系统

任务二　机外灯光识别

外部灯光用于识别、指向,有助于飞机的安全运行,主要包括大翼照明灯(探冰灯)、位置灯(航行灯)、防撞灯、着陆灯、频闪灯、滑行灯、转弯灯、航徽灯等。见图 3.2.1。外部灯光的位置及作用见表 3.2.1。

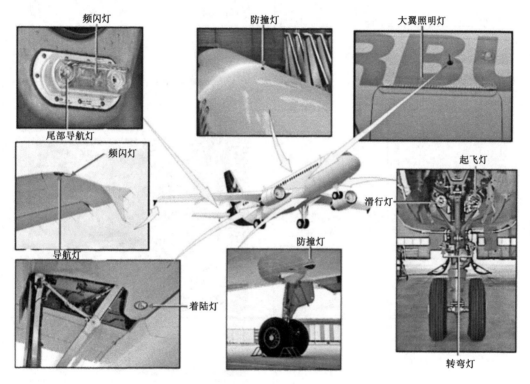

图 3.2.1　飞机外部灯光

表 3.2.1　外部灯光的位置及作用

外部灯光	位置	作用	图例
大翼照明灯	安装在机身左右侧,大翼照明灯的控制电门在驾驶舱灯光面板上	照亮大翼前缘和发动机进气道,有利于夜间飞行时能看到大翼前缘和发动机进气道结冰的情况	

外部灯光	位置	作用	图例
着陆灯	固定着陆灯安装在每个大翼根处	着陆灯是聚光灯而不是泛光灯，因此具有非常窄的光束，并且略微向下照射，在夜间和能见度差时，保证机组人员在起飞和着陆期间能看清跑道	
	可收放着陆灯安装在机身下部或者大翼根部下方		
位置灯	位置灯是红色、绿色和白色的白炽灯泡或 LED 灯。位置灯安装在飞机的每个翼尖处，一般规定左翼尖装红灯，右大翼装绿灯，尾部装白灯	用于航行中提供飞机的位置、飞行方向和姿态	
频闪灯（白）	每个大翼翼尖和飞机尾部各安装一个白色频闪灯，可发出高强度的白色闪光	防撞灯和频闪灯主要用于显示飞机的轮廓，以引起周围其他飞机、人员和车辆的警觉和注意，防止飞机之间或飞机与其他障碍物发生碰撞	

外部灯光	位置	作用	图例
防撞灯（红）	机身顶部和底部各安装一个红色防撞灯,防撞灯在打开之后会以一定频率闪烁	防撞灯和频闪灯主要用于显示飞机的轮廓,以引起周围其他飞机、人员和车辆警觉和注意,防止飞机之间或飞机与其他障碍物发生碰撞	
滑行灯	一般安装在前起落架减震支柱上	用于照亮飞机前方滑行道	
转弯灯	转弯灯位于大翼翼根的前缘,靠近机翼-机身整流罩,邻近固定着陆灯	用于对机头前方两侧照明;用于照明滑行道、跑道边缘	着陆灯　转弯灯

（续表）

外部灯光	位置	作用	图例
logo 灯（航徽灯）	一般安装在两侧水平安定面的上表面	照亮垂直安定面上喷涂的航空公司航徽标志	

在驾驶舱前顶板有外部灯光控制电门，用于控制飞机的外部灯光，如图 3.2.2 所示。常见外部灯光控制电门及作用见表 3.2.2。

图 3.2.2　外部灯光控制电门（P5 板）

表 3.2.2　常见外部灯光控制电门及作用

序号	名称	作用
1	可收放的着陆灯电门（RETRACTABLE LANDING）	RETRACT（收回）——可收放的着陆灯收回并熄灭 EXTEND（伸出）——可收放的着陆灯伸出并熄灭 ON——可收放的着陆灯伸出且灯亮
2	固定着陆灯电门（FIXED LANDING）	OFF——固定着陆灯熄灭 ON——固定着陆灯亮
3	转弯灯电门（RUNWAY TURNOFF）	OFF——位于翼根前缘的跑道转弯灯熄灭 ON——跑道转弯灯亮
4	滑行灯电门（TAXI）	OFF——前轮舱滑行灯熄灭 AUTO——前起落架收回时，前起落架滑行灯自动灭 注：有些机型滑行灯为 LED 灯 OFF——LED 大翼翼缘前尖滑行灯熄灭 AUTO——当前起落架完全放出并锁定时，LED 大翼翼缘前尖滑行灯自动打开，起落架收上时则关断
5	航徽灯电门（LOGO）	OFF——垂直尾翼两侧的航徽灯熄灭 ON——航徽灯亮
6	位置灯、频闪灯电门（POSITION）	STROBE&STEADY（频闪并稳定）——红色和绿色的翼尖位置灯、白色的后缘翼尖灯以及翼尖和机尾频闪灯亮 OFF——红色和绿色的翼尖位置灯、白色的后缘翼尖灯以及翼尖和机尾频闪灯熄灭 STEADY（稳定）——红色和绿色的翼尖位置灯以及白色的后缘翼尖灯亮
7	防撞灯电门（ANTI-COLLISION）	OFF——机身上部和下部的红色频闪及旋转信标灯熄灭 ON——红色频闪及旋转信标灯亮
8	机翼灯电门（WING）	OFF——机翼前方机身上的机翼前缘灯熄灭 ON——机翼前缘灯亮
9	轮舱灯电门（WHEEL WELL）	OFF——三个轮舱灯熄灭 ON——轮舱灯亮

任务三　机内灯光识别

机内灯光包括驾驶舱灯光、客舱灯光、货舱灯光、勤务舱灯光,主要用于给旅客提供舒适的照明环境,也为机组和地勤人员提供工作或维修所需的照明。

驾驶舱灯光主要为驾驶舱提供整体区域照明、局部区域照明、仪表和面板整体式照明和信号指示,其功能及图例见表3.3.1。

表3.3.1　驾驶舱灯光的功能及图例

机内灯光	功能	图例
面板灯	给驾驶舱中的仪表板提供背景灯光,主要用于夜间或者光线比较暗的时候,能够方便机组或者维修人员准确识别面板上的相关信息	
信号指示灯	包括红色的主警告灯、琥珀色的主警戒灯以及与各个系统工作状态相关的指示灯 ● 红色灯代表有需要立即处理的特情 ● 琥珀色灯代表有特情但无需立即处理 ● 蓝色灯代表临时系统正常操作 ● 绿色灯代表备用系统正常操作 ● 白色灯代表电门处于非正常位置或是维护状态 通过灯光的颜色可以判断出飞机系统当前的工作状态。当系统出现故障时,故障等级主警告灯或者主警戒灯点亮,给机组或维修人员视觉提醒,同时会伴随相应的故障信息或故障旗,以及音响警告	
仪表灯	仪表灯用于向仪表面板提供照明。备用仪表灯用于在正常电源失效时向重要仪表板和仪表提供照明以使飞机能够在紧急情况下安全着陆	

（续表）

机内灯光	功能	图例
区域灯 飞行机组灯	用于提供驾驶舱整体照明或局部区域照明,包括面板和控制台泛光灯、跳开关面板灯、备用灯泡、顶灯,以及地图灯和航图灯等,可以通过相应的电门或旋钮来调节灯光的亮度,个别灯光还可以调整照射范围	 ①地图灯　②飞行文件包灯　③跳开关面板灯 驾驶舱（后往前看） ④备用灯泡　⑤顶灯　⑥顶灯 驾驶舱（前往后看）

驾驶舱灯光系统控制作用及图例见表 3.3.2。

表 3.3.2　驾驶舱灯光系统控制

名称	作用	图例
地图灯控制 （MAP）	调节机长、副驾驶地图灯亮度	
航图灯控制 （CHART）	调节机长、副驾驶航图灯亮度	

（续表）

名称	作用	图例
主面板灯控制 （MAIN PANEL）	机长控制机长面板和仪表灯光、中央仪表板、AFDS 面板显示及边缘灯光亮度；副驾驶控制副驾驶面板和仪表灯光亮度	
背景灯控制 （BACKGROUND）	控制机长面板、副驾驶面板和中央面板背景灯亮度	
AFDS 泛光灯控制 （AFDS FLOOD）	控制照射 AFDS（自动驾驶飞行指引系统）面板的灯光亮度	
泛光灯控制 （FLOOD）	控制操纵台和后电子板的顶板聚光灯亮度	
面板灯控制 （PANEL）	控制前、后顶板灯亮度	

名称	作用	图例
跳开关灯控制（CIRCUIT BREAKER）	控制 P6 和 P18 跳开关面板灯亮度	
圆顶灯控制（DOME）	DIM（暗亮）——将顶板圆顶灯调至低亮度 OFF——将顶板圆顶灯熄灭 BRIGHT（明亮）——将顶板圆顶灯调至高亮度	
主灯光测试电门（LIGHTS TEST）亮度调节电门（DIM）	TEST（测试）——前后顶板所有系统灯、机长和副驾驶仪表部分灯全亮 BRT（明亮）——前后顶板所有系统灯、机长和副驾驶仪表部分灯调至高亮度 DIM（暗亮）——前后顶板所有系统灯、机长和副驾驶仪表部分灯调至低亮度 注：将主灯光测试和亮度调节电门放在TEST 位将引起主警告系统信号牌信号再现（灯光再次亮起），已经存在的故障将导致信号牌上灯光不熄灭	

客舱灯光用于客舱的一般照明以及厕所、厨房和乘务员工作区域照明。客舱灯光大部分可在乘务员面板上进行操控,客舱灯光的功能及图例见表 3.3.3。

表 3.3.3　客舱灯光的功能及图例

客舱灯光	功能	图例
窗灯	也称侧壁板灯,指的是安装在侧窗上方横贯客舱前后的灯光照明系统,它提供客舱的大面积照明,是客舱内部的主光源	
顶灯	安装于行李架上方,用于给客舱过道和行李架上方区域提供照明	
阅读灯	安装于旅客或乘务座位头顶上方的旅客服务组件(PSU)中,一般是白炽灯泡或 LED 灯	
旅客告示灯	用于向旅客和乘务员提供请勿吸烟、请系好安全带、请回座位指示	

　　货舱照明和勤务舱照明主要为地面服务人员和地面维修人员设置,货舱照明主要包括前、后货舱照明。勤务舱照明主要包括前轮舱、主轮舱照明,空调舱照明,电子设备舱照明,APU舱、尾舱照明等。货舱、勤务舱照明图例见图3.3.1。

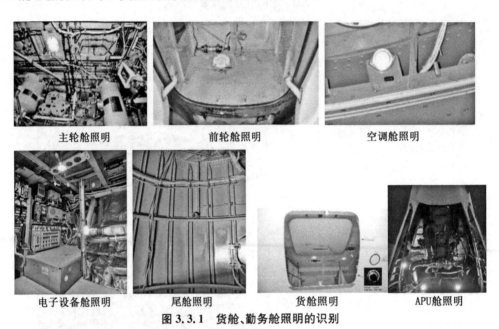

主轮舱照明　　　　　前轮舱照明　　　　　空调舱照明

电子设备舱照明　　　尾舱照明　　　货舱照明　　　APU舱照明

图3.3.1　货舱、勤务舱照明的识别

任务四　应急灯光识别

　　应急灯光用于在紧急情况下为机组和乘客提供紧急照明和指示撤离路线。应急灯光主要包括客舱区域应急照明、逃生通道照明、应急出口位置标识和出口外部照明等。应急灯光系统采用独立充电电池供电。

1. 应急灯控制电门

　　飞机有两个应急灯控制电门,分别位于驾驶舱头顶板和客舱后乘务员面板,航行结束后将应急电门放置在OFF位,未预位灯点亮。应急灯控制电门如图3.4.1所示。

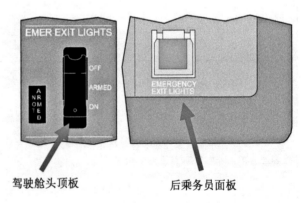

驾驶舱头顶板　　　　后乘务员面板

图3.4.1　应急灯控制电门

2. 应急灯系统

应急灯系统包含的部件如图 3.4.2 所示。

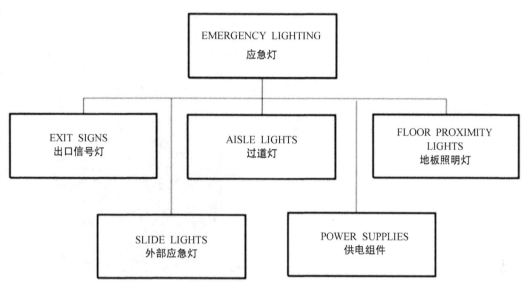

图 3.4.2 应急灯控制系统

应急灯系统各部件名称、位置及图例见表 3.4.1。

表 3.4.1 应急灯系统

名称	位置	图例
EXIT SIGNS 出口信号灯	所有出口门框位置共有 8 个出口信号灯：登机门、勤务门处共 4 个，翼上应急门处共 4 个 客舱过道上方共有 3 个：前、中、后各 1 个	
AISLE LIGHTS 过道灯	位于行李架外沿下方，左右间隔分布，不同构型数量不同	

名称	位置	图例
FLOOR PROXIMITY LIGHTS 地板照明灯	每个出口门旁侧壁上有 EXIT 标识灯牌,老构型飞机地板照明灯为灯泡,新构型飞机地板照明灯为自发光荧光条	
SLIDE LIGHTS 外部应急灯	在线路图手册(WDM)中,在大翼上部,紧急出口下部的照明灯(2个)被称为 OVER WING ESCAPE LIGHTS 大翼后缘根部,照向地面的灯(1个)被称为 OVER WING ESCAPE GROUND ILLUMINATION LIGHTS 每个登机门、勤务门外下部有 1 个(共 4 个)照向滑梯的外部应急灯,被称为 SLIDE LIGHTS	机身右侧和左侧一样
POWER SUPPLIES 供电组件	用于向所有应急灯供电,以 737-800 型飞机为例,供电组件有 10 个,具体位置参考 WDM33-51-11。电池组可以在 90 min 内充满电,对于长期停场飞机,考虑到电池的自放电特性,需要定期对电池组进行充电	BATTERY PACK-AFT CEILING(TYP) BATTERY PACK-FLOOR(TYP)

任务五　常见灯光系统的维护工作介绍

灯光系统的日常维护工作主要是更换灯泡，在维护时，应注意以下事项：

① 在地面给大功率的外部照明灯通电时，通电时间应尽可能短，因为飞机静止不动，没有迎面气流给灯泡冷却，将影响其使用寿命。

② 对于安装荧光条应急撤离通道照明的飞机，客舱照明对荧光条能量补充有着至关重要的作用，因此应保证客舱灯光正常。

③ 注意检查驾驶舱备用灯泡存放盒，应及时补充空缺。（航后检查单中的一项。）

④ 防撞灯关闭后的 5 min 内，禁止触摸以免烫伤；避免直视灯光，高强度的闪光灯会导致人员暂时性失明。

⑤ 维护着陆灯、防撞灯、位置灯等，必须确保封严良好，以防接触不良、火花放电。

⑥ 维护滑行灯时，必须仔细安装所有起落架安全销，防止起落架突然作动而引起安全事故。（适用于滑行灯在前起落架上的构型）

1. 灯光系统检查

维修工作单

❶ 操作前准备
确保飞机正常通电，起落架安全销锁定良好。
❷ 施工步骤
1. 将 P1 板的主明暗灯光测试电门 LIGHT 扳到 TEST 位，确认所有系统的指示灯光、MASTERCAUTION 灯正常发亮。
2. 操作和检查 P5 板驾驶舱和仪表板照明灯，确认跳开关灯光、面板灯光工作良好。
3. 操作和检查 P1、P3 板灯光控制按钮，确认背景灯光、面板灯光、DU 屏幕亮度调节功能良好。
4. 操作和检查 P8 板灯光控制按钮，确认背景灯光、面板灯光亮度调节功能良好。
5. 将 P5 板的应急灯电门扳到 ON 位，确认所有的应急灯工作正常，灯罩无破损和丢失，然后将电门放到 OFF 位。
6. 操作和检查所有外部灯光工作正常，包括滑行灯、着陆灯（可收放、固定）、转弯灯、机翼照明灯、航行灯、LOGO 灯、翼尖及机尾频闪灯、机身上下防撞灯。
7. 确认原前登机门入口灯工作正常且灯罩完好无破损，前厨房工作灯及照明灯工作正常（如果有安装）。
8. 确认前、后厕所照明灯光工作正常。
9. 检查客舱灯光工作正常。
❸ 施工结束步骤
工具清点完毕，飞机断电。

---

2. 滑行灯的拆装

维修工作单

❶ 操作前准备

确保飞机正常通电,起落架安全销锁定良好。

❷ 施工步骤

1. 拨出 P18-3 D14 CAPT Electrical System Panel 跳开关面板跳开关,并挂上警告牌。
2. 拆下紧固螺钉,取下保持环。
3. 将灯泡取下,拧下接线片,并换上新灯泡,更换两个新的垫圈。
4. 装上保持环,并拧紧螺钉。

❸ 测试步骤

1. 闭合跳开关。
2. 将 P5 前顶板的滑行灯电门打到 ON 位,确认滑行灯亮。
3. 将 P5 前顶板滑行灯电门打到 OFF 位,确认滑行灯灭。

资料:B737NG 飞机外部各种灯光的名称、数量及安装的位置

参考标准:

AMM33-40-00 至 AMM33-51-00

基本概念:

737NG 外部灯光有滑行灯、大翼照明灯、转弯灯、固定着陆灯、可收放着陆灯、位置灯、防撞灯、频闪灯、应急灯、航标灯。见图1。

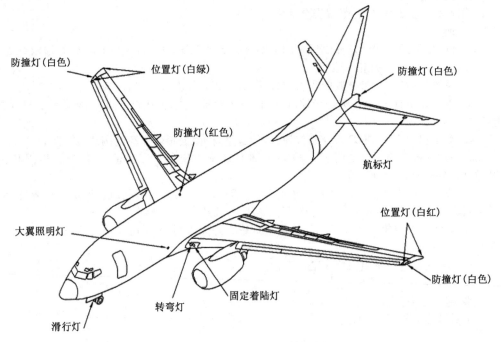

图1 波音 737 - NG 外部灯光

灯光检查及维护提示：

1. 滑行灯（Taxi Light）

数量：1个。

位置：前起落减震支柱的下方。

注意事项：滑行灯底座不牢固；滑行灯容易碎裂；件号有构型差异（分4551和4554两种）。

2. 大翼照明灯（Wing Illumination Light）

数量：2个。

位置：机身左右两侧，大翼前部。

3. 转弯灯（Runway Turnoff Light）

数量：2个。

位置：两侧大翼前缘根部。

4. 固定着陆灯（Fixed Landing Light）

数量：2个。

位置：两侧大翼前缘根部。

5. 可收放着陆灯（Retractable Landing Light）

数量：2个。

位置：机身下部，主轮舱前部。

6. 位置灯（Position Light）

数量：6个（左红2个，右绿1个，尾白2个）。

位置：大翼翼尖的前面和后面。

注意事项：位置灯容易碎裂；有翼尖小翼和无翼尖小翼有构型差别，图2为无翼尖小翼，图3有翼尖小翼。

图2　无翼尖小翼位置灯　　　　　　　图3　有翼尖小翼位置灯

7. 防撞灯（Anti-collision Light）

数量：2个。

位置：机身正上部和正下部各1个（红色）。

8. 频闪灯

数量：3个。

位置：左右大翼翼尖各1个，APU尾部1个。

9. 应急灯（Emergency Light）

数量：8个。

位置：机身前登机门后方，后服务门后方，应急逃离门。

注意事项：应急灯测试应是短时测试。

10. 航标灯（Logo Light）

数量：2个。

位置：水平安定面上表面。

注意事项：置P5-13板（P5板上的13块）的CAB/UTIL电门于"ON"位才能接通航标灯。

项目练习

1. 灯光系统分为（　　）。

　　A. 机内灯光　　　　　　　　B. 机外灯光　　　　　C. 应急灯光　　　　　D. 勤务灯光

2. 滑行灯位于（　　）。

　　A. 前起落架减震支柱上　　B. 主轮舱　　　　　　C. 机翼翼尖　　　　　D. 机身

3. 大翼照明灯安装在（　　）。

　　A. 前起落架减震支柱上　　B. 主轮舱　　　　　　C. 机翼翼尖　　　　　D. 机身

4. 左机翼位置灯颜色为（　　）。

　　A. 红色　　　　　　　　　　B. 蓝色　　　　　　　C. 白色　　　　　　　D. 黄色

5. 客舱应急电源供电电源为（　　）。

　　A. 主电瓶　　　　　　　　　B. 变压整流器　　　　C. 辅助电源　　　　　D. 自备充电电池

6. 安装在机身上下的红色灯光叫（　　）。

　　A. 防撞灯　　　　　　　　　B. 频闪灯　　　　　　C. 着陆灯　　　　　　D. 滑行灯

7. 下列属于客舱应急灯的是（　　）。

A.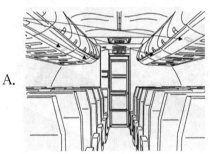

B.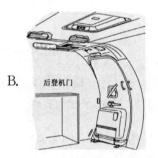

C.

机身右侧和左侧一样

D.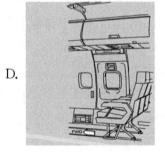

ATA38 水与污水系统部件识别及常见维护

飞机水系统的作用是为机上卫生间和厨房提供饮用水,处理来自厨房、卫生间等地方的废水,并排去舱门槛区域的雨水。飞机水系统主要包含饮用水系统和污水系统。

任务一　飞机饮用水系统

饮用水系统是通过一个水箱储存一定量的饮用水,并通过分配管路将饮用水输送到厨房水龙头、卫生间水龙头、卫生间马桶区域供水,供乘务员和旅客使用。见图4.1.1。

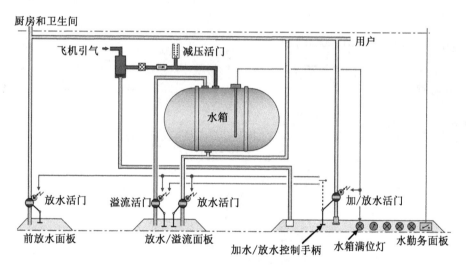

图 4.1.1　饮用水系统

1. 饮用水系统功能

饮用水系统有1个饮用水箱,用于储存饮用水,通过饮用水勤务面板,可以对饮用水箱进行加水和放水。对水箱加水时,需将加水/溢流活门打开,通过饮用水加水接头给水箱加水,直到饮用水从饮用水余水口流出。

饮用水箱向以下位置提供饮用水:厨房水龙头、卫生间水龙头、卫生间马桶。

每个卫生间都有1个供水关断活门。供水关断活门可以切断洗手盆供水或马桶供水，也可以同时切断2路供水。前卫生间有1个排水活门，用来将来自前供水管路的水排掉。每个卫生间有1个水加热器，用来将水加热后送到水龙头的热水口。

水箱水位传感器将水量数据送到水量传感器。水量传感器将水量数据送到乘务员面板上的水量指示器。水量指示器显示饮用水箱水位。

对饮用水系统排水时，必须打开以下活门：饮用水箱排水活门、前卫生间排水活门（仅前卫生间）、卫生间供水关断活门（每个卫生间各1个）。

当对饮用水系统排水时，饮用水通过前饮用水排水口和后饮用水排水口排出机外。

2. 饮用水系统组成

① 水箱　储存水，供给各用水部位；

② 水量指示系统　监控水箱中水量；

③ 水箱增压系统　给水箱增压，使水连续供给用户；

④ 水勤务面板　加水；

⑤ 分配管路　将水分配到厨房和卫生间；

⑥ 排放系统　排放水箱和分配系统中的水。

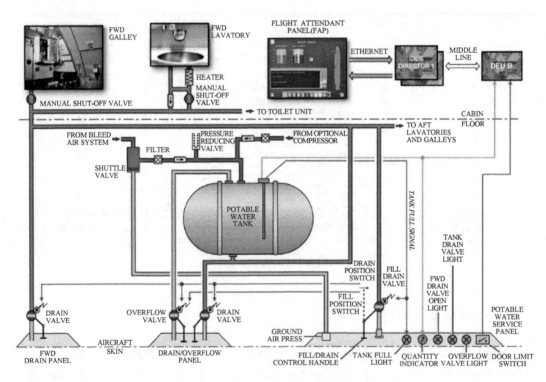

图4.1.2　饮用水系统的组成

3. 水箱

水箱位于后货舱后部,其作用是储存饮用水,要接近水箱,必须拆下后货舱后壁板。水箱由复合材料制成,内层由热塑性塑料铸模而成,可储水 200 L 左右,有隔热层保护,防止结冰(图 4.1.3)。加水/放水通过饮用水勤务面板来实现。增压空气管为水箱提供增压压力。

水箱上装有以下部件:

- 接近口盖(2 个);
- 加水接头;
- 溢流接头(竖管);
- 排水接头;
- 水箱增压接头;
- 压力电门;
- 水量传感器;
- 接线柱。

图 4.1.3 水箱

4. 水量指示系统

一般在乘务员控制面板上会有一个水量指示系统,用于控制系统相应活门的开关,控制乘务员面板上的水量指示,以提示水箱中剩余的水量。

水量指示系统(图 4.1.4)的一个主要部件是水量传感器,它能指示出水箱中的剩余水量,并将水量信息送往乘务员面板和饮用水勤务面板,从而呈现给乘务员和地面人员。当饮用水系统的水压不够时,在前乘务员控制面板(FAP)的飞机图形中会有一个蓝框提示"NO WATER PRESSURE"。若饮用水系统中没有剩余水或没有水量,FAP 面板上则会显示"NO WATER QUANTITY DATA AVAILABLE"。

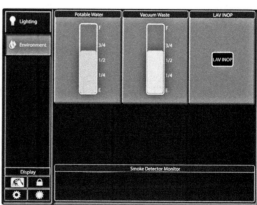

图 4.1.4 水量指示系统

现在大多数飞机的水系统装有预选水量系统,可灵活地选择加水量。见图 4.1.5。

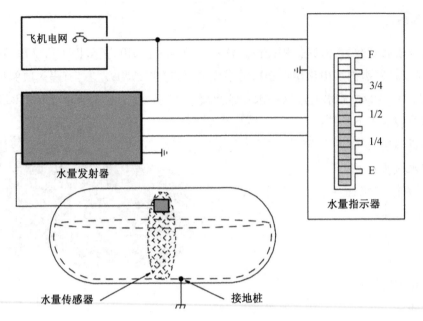

图 4.1.5 预选水量系统

5. 水箱增压系统

水箱增压系统部件通常位于后货舱隔间,而客舱内厨房、厕所位置均高于水箱的位置。水箱增压系统的作用就是确保将水箱中的水输送到用户。水箱压力来自气源系统(提供高压空气)或者空气压缩机(电容式),当压力不足时,饮用水系统专用空气压缩机便开始工作。释压活门用于限制系统最高压力。水箱增压系统示意图如图 4.1.6 所示,各主要部件的作用如下:

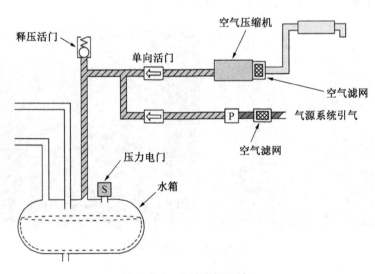

图 4.1.6 水箱增压系统

- 空气滤网 防止污染物通过增压空气进入饮用水系统；
- 单向活门 防止水和空气反向流动；
- 压力电门 监控水箱上方空气的实际压力，压力低于一定值时，压力电门闭合，空气压缩机开始工作；
- 释压活门 当水箱压力超过一定值时，释压活门打开，释放水箱的压力，防止水箱损坏。

6. 饮用水勤务面板

通过饮用水勤务面板，可以向饮用水系统加水，也可以对饮用水箱和部分饮用水系统进行排水。饮用水勤务面板位于后机身、飞机右侧、飞机底部。可通过饮用水勤务面板接近门接近饮用水勤务面板。面板接近门上装有两个锁扣。通过后货舱可以接近饮用水勤务面板的内侧。面板位于后货舱右后侧、地板下方。饮用水勤务面板见图4.1.7

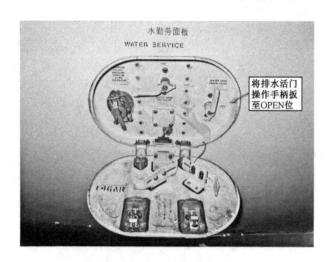

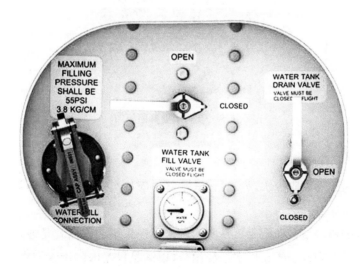

图4.1.7 饮用水勤务面板(1)

饮用水勤务面板上装有以下部件：

- 加水/溢流活门手柄；
- 水箱排水活门手柄；
- 空气压缩机切断电门；
- 饮用水加水接头。

饮用水勤务软管连接到饮用水加水接头。加水/溢流活门手柄用于打开加水/溢流活门，通过该活门可将饮用水加入饮用水箱。在加水过程中，该活门也提供水箱通气（使空气从水箱内流出机外）。当水箱加满时，水通过溢流排水管和饮用水排水管流出机外。

对饮用水箱排水时，打开饮用水箱排水活门，使水箱和后分配管路中的水排出机外。

当饮用水勤务面板门打开时，空气压缩机切断电门，空气压缩机停止工作。

饮用水勤务面板门上装有干涉支架，当某一活门手柄不在正确位置时，可防止饮用水勤务面板门关闭。见图 4.1.8。

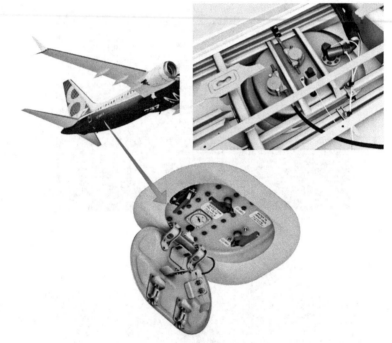

图 4.1.8　饮用水勤务面板(2)

7. 水分配系统

水分配系统为厨房供应冷水，为厕所、洗手盆供应冷/热水，排放管内设有电加温元件，防止废水排放口结冰。

飞机水系统的典型结构如图 4.1.9 所示。水分配系统的作用就是通过一定的管路，把水箱中的饮用水导流到特定的饮用水系统用户，以满足机舱内的用水需求。饮用水通过分配管路供应到各个区域，厕所和厨房的供水管路分布在客舱地板下，其中一部分管路的末端在舱底,如果发生渗漏水会通过机身下方的余水口排出。每个厕所和厨房是一个整体,安装有一个水关断活门,当水关断活门放到关断位时,能将厕所、厨房等水系统用户与水系统分配管路分隔开。

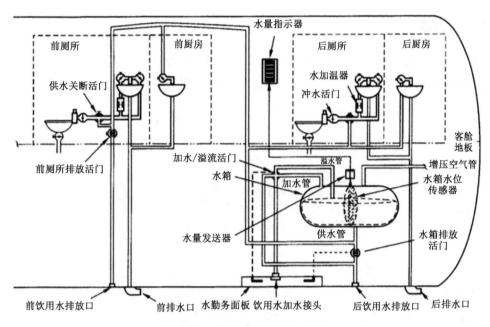

图 4.1.9　飞机水系统的典型结构

8. 水箱加水

飞机水系统加水控制示意图如图 4.1.10 所示。水箱加水的具体步骤如下：

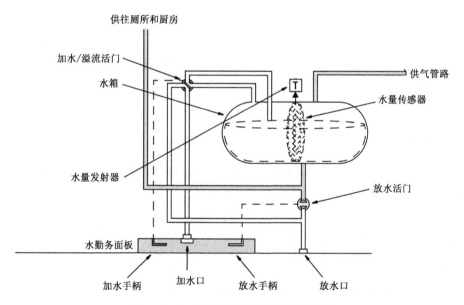

图 4.1.10　飞机水系统加水控制示意图

① 打开加水接头保护盖,将加水车水管接头与飞机加水口连接好;

② 拉动加水手柄,加水/溢流活门开启;

③ 启动加水车水泵。

9. 加热器

每个厕所水龙头的热水供水管路上安装有水加热器(电加热),开关电门打开,指示灯点亮,加热器通电工作,温度达到预设温度后停止加热。加热器安装位置及图片见图 4.1.11。

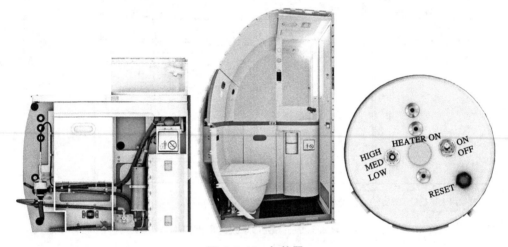

图 4.1.11　加热器

加热器上安装有一个温度选择电门,可以在三挡("LOW""MED""HIGH")范围内调节加热器热水温度。

任务二　飞机污水系统

1. 飞机污水系统的作用

飞机污水系统的作用是从厕所和厨房区域搜集使用过的废水,将其排放到机外或者污水箱里。

污水主要有三个来源:

① 厨房和厕所洗手盆用过的废水;

② 舱门门槛处收集的雨水;

③ 厕所冲刷马桶后的污水。

飞机污水系统也可细分为灰水系统和厕所污水系统。灰水来自厕所、厨房洗手盆

（图 4.2.1）以及每个登机门/服务门的门槛余水系统收集的雨水（图 4.2.2）；厕所污水系统将马桶中的污物排出（图 4.2.3）。在勤务之前，污水系统将污水暂存在污水箱中。

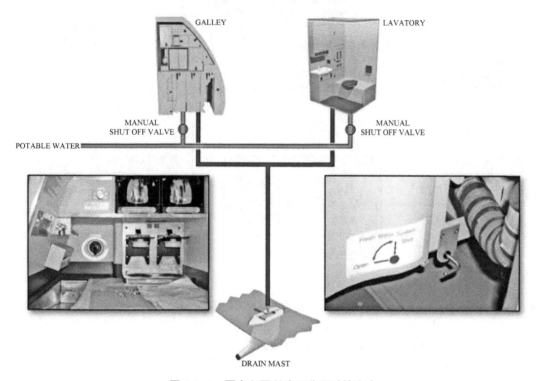

图 4.2.1　厨房和厕所洗手盆用过的废水

图 4.2.2　舱门门槛处收集的雨水

2. 废水系统

废水系统有以下功能：

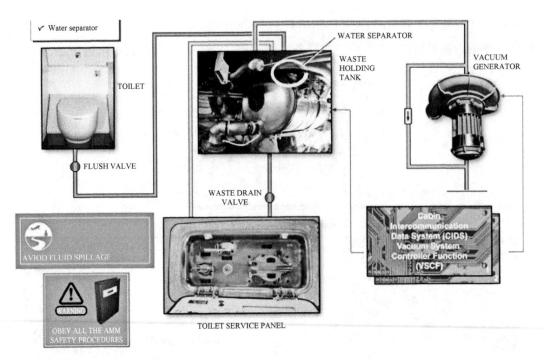

图 4.2.3　厕所冲刷马桶后的污水排放

① 排出厕所水槽和厨房水槽的水和其他液体；

② 为厕所和厨房提供通气；

③ 排出门槛余水系统收集的雨水。

废水排放示意图如图 4.2.4 所示。

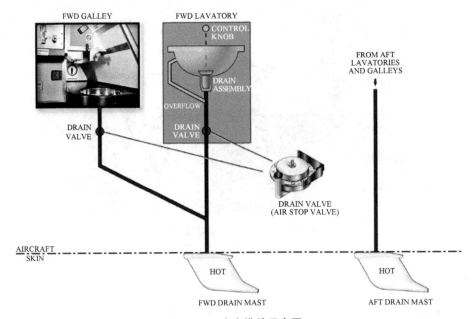

图 4.2.4　废水排放示意图

废水系统用于将厕所洗手盆和厨房洗手盆排出来的水直接排到机外,飞机在空中飞行时废水也是直排机外的。因为洗手盆里的水不含其他杂物,而且飞机在 10 000 m 的高空飞行,飞行速度达到 900 km/h,高空气温大概在零下 56 ℃,排出的水一到机外就被吹成雾状了,所以废水一出机外就和云融为一体了。

图 4.2.5　前废水排放口

通常情况下,飞机有前后两个废水排放口,安装在飞机的腹部。废水排放口采用电加热,防止污水系统结冰;飞机接通电源时,电加热将自动开始工作;在飞机通电或者刚断电后,不要用手直接接触废水排放口,防止被烫伤。

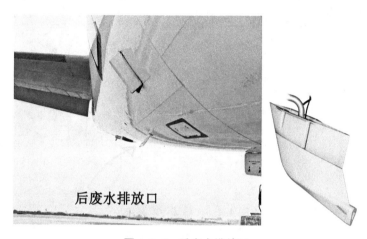

图 4.2.6　后废水排放口

3. 舱门门槛排水系统与厕所污水系统

雨水排放通常在地面进行,通过储水囊内弹簧加载的挡板活门来实现。不处于增压状态时,挡板活门打开;处于增压状态时,挡板活门关闭。

厕所污水系统包括马桶污水系统、循环污水系统、污水勤务面板等。

（1）马桶污水系统

每个厕所都应配置一套马桶污水系统,用来存储冲刷马桶的污水。在地面勤务时,可用污水车将污水抽走,并冲洗污水箱。污水箱通常位于货舱区域,一般有一个或者两个。见图 4.2.7。

（2）循环污水系统

循环污水系统（图 4.2.8）的原理是利用存储在污水箱内的污水来冲洗马桶。它由污水箱、带过滤器的厕所冲洗泵、排放活门、冲厕定时器、勤务面板组成。

图 4.2.7　污水箱位置

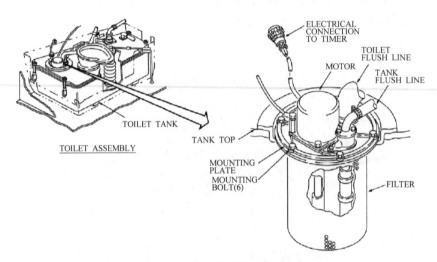

图 4.2.8　循环污水系统

（3）污水勤务面板

通过污水勤务面板可以对污水系统进行排污，也可以对污水箱进行冲洗。污水勤务面板位于后机身下部左侧。见图 4.2.9。

污水勤务面板上装有以下部件（图 4.2.10）：

● 污水管接头；

● 排放活门手柄；

● 污水箱水量表；

● 冲洗接头。

图 4.2.9　污水勤务面板位置

污水管的排放口上常装有一个排放堵盖，排放堵盖上有一个安全活门，可以防止因排放活门故障造成的污染物泄漏；要排放污水箱的水，必须拉动相应水箱的排放活门手柄；污

图 4.2.10　污水勤务面板

水通过重力作用流到污水车里；排放活门打开时，临近电门就会将真空发生器供电断开。污水箱完全排放后，必须用清水对污水箱进行冲洗，污水车的水管连接到勤务面板上的冲洗接头，使用污水车上的供水泵进行冲洗。

4. 真空污水系统控制原理

真空污水系统利用压差将马桶里的污染物输送到污水箱中，冲洗马桶的水并非来自污水箱的污水，而是来自饮用水系统的洁净水。真空污水系统由冲水电门、真空发生系统、马桶组件、污水箱及相应的维护和指示部件构成。污水系统控制示意图如图 4.2.11 所示。

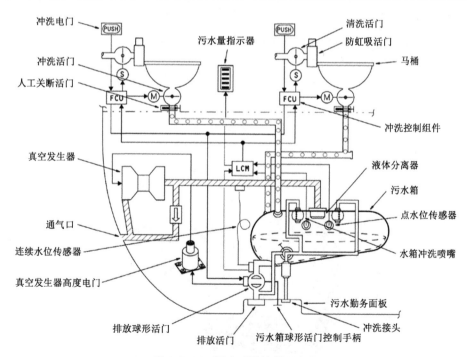

图 4.2.11　污水系统控制示意图

高度压力电门监控飞机飞行高度,当飞行高度大于海拔约 4 876 m 以上时,飞机内外压差足以使污染物输送到水箱,此时真空发生系统会停止工作。

真空污水系统(图 4.2.12)工作流程:

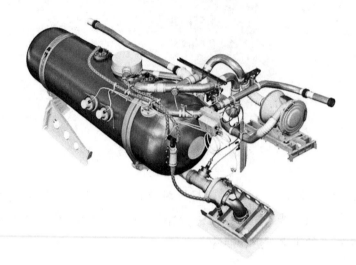

图 4.2.12　真空污水系统

- 污水系统上电,水位传感器监测污水箱水位;
- 若污水箱未装满,逻辑控制组件(LCM)发送信号给 FCU,使其激活;
- 按压冲水电门(图 4.2.13),FCU 给真空抽气机工作 15 s 的指令;
- 按压冲水电门 1.6 s 后,FCU 打开由电磁控制的清洗活门(大约持续 1.7 s);
- FCU 打开由电动机控制的冲洗活门(大约持续 4 s);
- 污水在压差作用下进入污水箱。

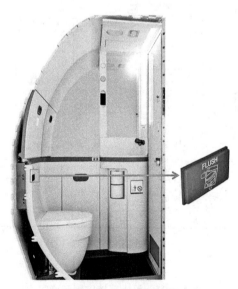

图 4.2.13　冲水电门

任务三 常见水与污水系统维护工作介绍

1. 飞机饮用水系统部件识别

飞机水系统部件如图 4.3.1 所示。

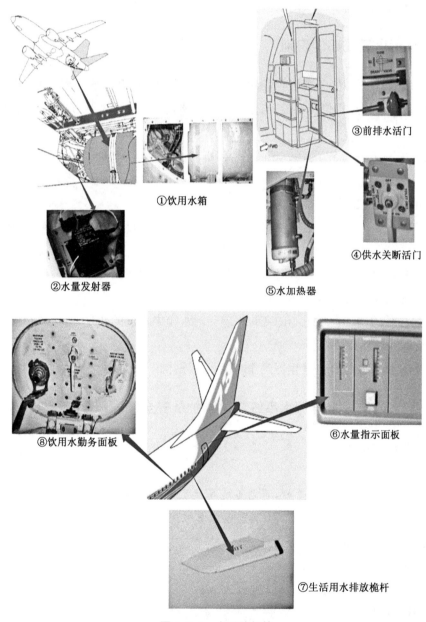

①饮用水箱

②水量发射器

③前排水活门

④供水关断活门

⑤水加热器

⑧饮用水勤务面板

⑥水量指示面板

⑦生活用水排放槌杆

图 4.3.1 水系统部件

① 水量发射器　探测水箱水量信息,给乘务员面板指示水量;

② 前排水活门　排放前厕所供水管路内的水;

③ 供水关断活门　在 TOILET ONLY 位,水只供向马桶;在 SUPPLY ON 位,水供向水龙头和马桶;在 FAUCET ONLY 位,水只供向水龙头;

④ 水加热器　给厕所洗手盆提供温水;

⑤ 水量指示面板　用于指示饮用水箱的水量;

⑥ 排放桅杆　排放卫生间洗手台、厨房生活用水,外部具有加热功能;

⑦ 饮用水水勤务面板　饮用水机上饮用水系统加水、排水。

2. 飞机污水系统部件识别

飞机污水系统主要包含逻辑控制组件(LCM)、污水箱、真空发生器、污水排放球形活门、连续水位传感器、点水位传感器、真空发生器高度电门、污水量指示面板、污水箱勤务面板等部件。

① 逻辑控制组件　测量污水箱内污水水位,当污水箱满时,真空压缩系统停止工作;

② 污水箱　存放厕所马桶污水;

③ 真空发生器　除去污水箱中的空气,当按压冲水电门且飞机低于约 4 876 m 时,真空抽气机工作;

④ 污水排放球形活门　勤务时人工打开,排放污水箱污物;

⑤ 连续水位传感器　测量污水箱内污物水位;

⑥ 点水位传感器　通过电容的变化来感受污水箱中水位的变化,将污水箱已满还是未满信号传给 LCM;

⑦ 水分离器　去除真空发生器工作时吸入的液体。

3. 典型飞机饮用水与污水系统常见维护及安全注意事项

(1) 飞机的加水勤务

● 警告与告诫

警告:饮用水勤务面板需盖好,否则可能导致空气压缩机不能正常工作。

告诫:冬季时,航后水箱、供水管路需确保水被完全排放干净,否则可能导致管路余水结冰,航前无法进行水箱加水勤务工作。

● 维护准备

① 飞机由外接地面电源或 APU 供电。

② 饮用水加水车在位。

电源控制面板和加水车示意图如图 4.3.2 所示。

图 4.3.2 电源控制面板和加水车

● 维护步骤

① 打开饮用水勤务面板,连接饮用水车加水管,饮用水加水位置示意图如图 4.3.3 所示。

② 打开"FILL/OVERFLOW"活门,开始加水。

③ 打开"DRAIN/OVERFLOW",有溢水流出。

④ 关闭"FILL/OVERFLOW"活门,关闭饮用水勤务面板。

⑤ 在后乘务面板确认饮用水箱水量指示。

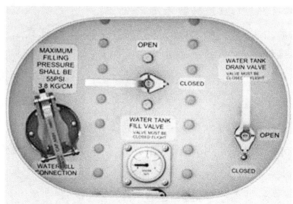

图 4.3.3 饮用水加水操作示意图

(2)飞机的放水勤务

● 警告与告诫

警告:饮用水勤务面板需盖好,否则可能导致空气压缩机不能正常工作。

告诫:冬季时,航后水箱、供水管路的放水工作需确保水被完全排放干净,否则可能导致管路余水结冰,航前无法进行水箱加水勤务工作。

● 维护准备

① 飞机由外接地面电源或 APU 供电。

② 饮用水不能直接排放至地面,需有排放水盛放装置。

● 维护步骤

① 打开饮用水勤务面板,打开排水活门。

② 打开厨房水龙头。

③ 打开卫生间供水关断活门。

④ 前卫生间排水活门手柄置于开位。

⑤ 排水工作后,如果不立即加水,需要拔出水加热器的跳开关。

⑥ 水完全排干后,将上述活门的位置恢复,航前复位跳开关。

（3）水与污水系统维护安全注意事项

① 污水箱的消毒剂有剧毒,消毒污水箱时,需要小心处理消毒水,以免对人员造成损害。

② 污水系统可能含有对人体有害的病菌,尽量不要同时进行污水系统部件和饮用水系统部件的拆装工作。

③ 污水系统拆下部件应放置于封口袋内,以免造成污染。

项目练习

1. 饮用水箱内的水量传感器采用（　　）。

　　A. 电容式　　　　B. 浮子式　　　　C. 压电式　　　　　　D. 电阻式

2. 目前大部分飞机洗手间抽水马桶采用（　　）。

　　A. 重复环流法　　　　　　　　B. 真空抽吸法

　　C. 加压冲洗法　　　　　　　　D. 重力冲洗法

3. 下列条件哪个是污水箱真空抽气机工作的必需条件?（　　）

　　A. 污水排放球形活门打开　　　B. 飞机不低于 4 876 m

　　C. 污水箱未满　　　　　　　　D. 系统过热

4. 地面打开水勤务盖板后,临近电门的作用是（　　）。

　　A. 接通气源系统给水箱增压　　B. 使水箱空气压缩机停止工作

　　C. 打开水箱溢流活门　　　　　D. 释放水箱内的压力

5. 真空马桶系统的真空抽气机何时工作?（　　）

　　A. 只要电源接通就一直工作

　　B. 当飞行高度小于 4 876 m 时

　　C. 当飞行高度小于 4 876 m 且马桶的冲洗手柄被按压时

　　D. 当马桶的冲洗手柄被按压时

6. 在寒冷天气条件下,停放在机库外的飞机必须将水系统排空的原因是?（　　）

　　A. 因为冰冻的水系统只能向厨房和厕所提供冷水

　　B. 对于排空水系统来说,这是最佳的天气条件

　　C. 因为在结冰条件下,水箱、供水管路以及其他水系统部件可能会损坏

　　D. 在结冰条件下,水箱中剩余的水会很快变质

7. 厨房和厕所产生的灰水是怎样排除的?（　　）

　　A. 总是通过排水竖管排出机外

　　B. 废水被收集在一个废水箱内,飞机落地后再经水勤务面板排出机外

　　C. 在飞行期间,废水经排水竖管排出机外;飞机在地面时废水则由一个废水箱收集

　　D. 废水被净化后重新进入饮用水水箱

8. 决定飞机水箱最大储水量的因素是?（　　）

　　A. 水箱内溢水管（竖管）的高度　　　　B. 水箱内水量传感器位置

　　C. 机务人员的调整　　　　　　　　　　D. 机组人员的选择

ATA35 氧气系统部件识别及常见维护

现代飞机多采用增压座舱,正常飞行时飞机座舱高度(座舱内的绝对压力所对应的海拔高度)一般不超过 2 400 m,因而不需要额外供氧。在飞行中如因某些原因导致座舱失压,飞机应快速下降到安全高度。在这一过程中,必须有一套氧气系统来确保机组、乘务员和旅客的生命安全。

任务一　认识氧气系统

大气的基本组成(以体积来计算)为 78% 的氮气、21% 的氧气、1% 的其他气体,在这些气体成分中氧气对于人们来说是最为重要的。当飞机飞行高度不断增加时,海拔高度也随之增加,大气气压和密度逐渐变小,空气中维持生命必需的氧气量也随之下降。座舱增压系统始终维持座舱在一定的高度,使得机舱内无需使用供氧设备也能使所有人员有一个较舒适的环境,客舱高度一般控制在不高于 2 400 m。

1. 航空氧气

氧气对地球上的大多数生命都至关重要。然而,高浓度氧气可能会诱发危险。氧的浓度越高,就越容易发生爆炸。即使氧气含量从 21% 略微增加到 24%,也会增加起火的风险,且会使燃烧温度更高,火热更猛烈。

飞机上适用的纯氧只有一种,即"航空呼吸用氧"。航空人员呼吸用氧与医用、工业用氧的主要区别是前者不含水份,而后者含水分,不同场合使用的氧气如图 5.1.1 所示。如果氧气内含水分,飞机在高空飞行时,温度很低,氧气内的水就会结冰,从而堵塞氧气管道,水分进入氧气瓶也会使其内部生锈。因此,航空人员呼吸用氧都必须经过特殊的除水处理,氧气纯度达到 99.5% 以上,几乎不含水分,非常干燥。

2. 氧气子系统

飞机正常飞行时的客舱氧气是通过发动机压气机引气提供的。虽然高空氧气稀薄,但是航空涡扇发动机空气流量相当巨大。一台推力 90 kN 的涡扇发动机每分钟吸入超过 8 t

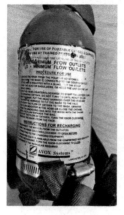  

（a）航空呼吸用氧　　　（b）医用氧气　　　（c）工业用氧

图 5.1.1　不同场合使用的氧气

的空气,相当于海平面上 18 m 的空气量,所以能满足机上乘客、乘务员和机组的正常呼吸需要。

图 5.1.2　氧气系统组成

氧气系统属于应急系统,是在飞机座舱失压、出现烟雾、着火等紧急情况下或者是急救时用于向飞行机组成员、乘务员及乘客提供应急呼吸氧气,防止人员缺氧失能。见图 5.1.2。

氧气系统包括三个子系统:机组氧气系统、旅客氧气系统、便携氧气系统。

- 机组氧气系统　用于向飞行机组成员提供足够的呼吸氧气,独立于其他氧气系统;
- 旅客氧气系统　在释压的情况下,向客舱人员提供氧气;
- 便携氧气系统　机上紧急情况下使用(如急救)。

机组氧气系统采用高压氧气瓶单独为驾驶舱区域提供氧气,确保驾驶舱内机组人员可以按需随时使用氧气,机组氧气系统独立于其他氧气系统,是一个高压气态系统。旅客氧气系统采用化学氧气发生器制氧(位于各个旅客服务组件内)或高压氧气瓶供氧,在客舱、卫生间、乘务员工作区和机组休息区(如有)都安装有氧气面罩,当出现飞机释压、氧气面罩自动脱落(或人工操控放下)等情况时,该系统向客舱的乘务人员和旅客提供氧气。便携式氧气系统分布于整个飞机的不同地方,由机组向有需要的人员提供氧气。

3. 航空氧气安全

氧气具有助燃作用,这使其变得危险。当高浓度的氧气与常见物质(如碳氢化合物、油和油脂)接触时,即使在正常环境温度和没有火花的情况下,也可能产生火灾和爆炸的危险。在正常氧气浓度下不会点燃的材料在富氧环境中可能会被点燃,而且随着氧气浓度的增加助燃效果会更强,氧气火灾一旦发生很难扑灭。当飞机在地面上时,含有氧气瓶和供气管路的特定区域不再通风,氧气泄漏将导致危险的富氧环境形成。在通风不良的空间中,阀门或接头发生氧气泄漏会迅速使氧气浓度增加到危险水平。因此,进入装有氧气瓶的特定区域的人员应了解富氧环境的潜在危险。

氧气是不可见的,没有气味,人类的感官无法检测到,在氧气系统维护过程中,无论是在维修还是部件拆卸和安装期间,都要避免火源(图5.1.3)。维护人员必须严格遵循安全规章,任何违规操作都有可能造成飞机和机载设备的损坏,导致财产的损失,甚至人员伤亡等非常严重的后果。

图 5.1.3　避免火源

维护氧气系统部件时,应注意:

① 氧气是一种危险气体,本身无色、无味,不可燃烧,但是它会助燃,随着浓度的增加助燃效果也会增加,如果发生氧气火灾很难扑灭,现场要注意禁止明火。

② 在对氧气系统进行任何工作之前和之后,必须始终使用经批准的清洁剂清洁氧气部件及其周围区域。打开氧气瓶上的人工关断活门时,速度要非常缓慢,关闭时用手拧紧即可,切记不要大力关闭,以防止产生爆炸等严重后果。

③ 工作人员的衣服、皮肤和设备(工具、抹布等)应清洁,通常不能含油、油脂和碳氢化合物(燃料、防腐化合物、润滑剂等)。

④ 保持双手清洁(如有可能,戴上干净棉手套)。不要徒手触摸连接端或氧气组件内部,因为皮肤油脂和细菌是污染源。

⑤ 将使用易燃材料(如清洁和除冰材料)的所有工作程序停止。

⑥ 将所有燃油和液压系统的加油和维护工作停止,禁止开启产生电磁波的设备。

资料

2015年6月16日,哈萨克斯坦阿克套机场,一架刚落地已经下客的Scat航空737-300飞机(LY-FLB,机龄25年)在停机位上起火,飞机遭严重损毁,幸而没有人员伤亡。当时该机刚执行完DV-742航班,乘客们下了飞机,正在为飞下一个航段做准备。在给机上氧气瓶充气时,充气软管损坏,泄漏进前货舱内的高压氧气流与灰尘混合,瞬间自燃,前货舱发生爆炸并引发火灾,在消防部门扑灭火灾之前,飞机已严重损坏。

任务二　机组氧气系统

机组氧气系统用于向飞行机组提供低压氧气,它独立于其他氧气系统,采用高压氧气瓶供氧,主要设备在驾驶舱内以及地板下方。机组氧气系统主要包括氧气储存装置、氧气分配系统和控制指示。

1. 机组氧气系统及部件

机组氧气系统用于为飞行员提供呼吸氧气,其主要组成部件包括:高压氧气瓶、关断活门、压力指示表、压力传感器、减压调节器和氧气面罩等。一般情况下,关断活门都是开启的,通过压力表可以知道瓶内氧气的量,压力传感器将信号传到驾驶舱氧气系统操作面板。

高压氧气通过氧气瓶关断活门、减压调节器将正常 1 850 psi 左右的氧气压力调节到 60~85 psi,氧气经供氧管路分配到机组氧气面罩存储盒子,再由内部关断活门和氧气面罩压力调节器调至合适压力以便给机组供氧。机身右前侧蒙皮上有一个绿色塑料释压指示片(吹除片),用于显示氧气瓶过压排放,防止氧气瓶超压爆炸。机组氧气系统组成如图 5.2.1 所示。

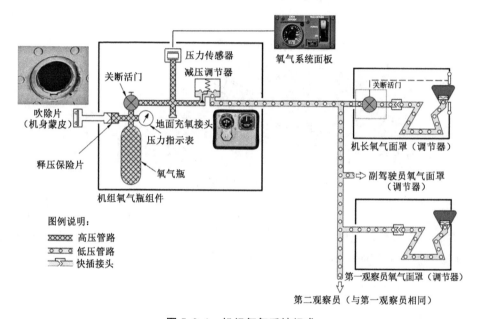

图 5.2.1　机组氧气系统组成

氧气储存装置通常包括一个或几个高压氧气瓶。绿色的高压氧气瓶储存在电子设备舱中,氧气通过一根供氧总管通到机组氧气面罩内。当氧气瓶内压力低于运行标准时,需要更换氧气瓶,航后检查时需要检查机组氧气瓶压力。

氧气分配系统包括氧气管路、机组氧气面罩和连接件,供应管由无缝不锈钢管及喇叭口接头装配组成。机组氧气面罩向机组供给氧气,它具有氧气纯度调节的控制功能。氧气面罩是一个标准组件,可单独调整且易于佩戴。氧气分配管路及位置见图 5.2.2。

控制指示包括氧气压力显示、超压释放指示等。为防止氧气瓶超压爆炸,机外蒙皮上的绿色释压指示片(吹除指示片)会被吹除,释压指示片(图 5.2.3)是一个绿色的塑料片,由一个卡环保持在安装位置。

图 5.2.2　氧气分配管路及位置

图 5.2.3　释压指示片

　　读取氧气压力的方法可以有两种：一是在 P5 氧气面板上看压力表指针位置,读取相应数值;二是打开前货舱前壁板,看氧气瓶头部组件机械式压力表的示数。此外,部分飞机构型在电子设备舱里充氧面板附近还会有一个压力表,用于显示气瓶压力传感器提供的氧气压力。机组压力显示如图 5.2.4 所示。

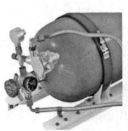

图 5.2.4　机组氧气压力显示

2. 氧气系统面板

　　驾驶舱 P5 板上有氧气面板,可以显示机组氧气瓶压力,压力表为圆形,带照明,显示范围是 0～2 000 psi。飞机电瓶电门要在"ON"位,使压力表有电指示。在室温 21 ℃(70 ℉)下,氧气瓶正常压力是 1 850 psi。氧气系统面板还可以进行旅客氧气系统的电动操作,当驾驶员将旅客氧气系统开关扳到"ON"位时,氧气面罩储藏室的盖板能打开,氧气面罩自动脱落,向客舱的乘务人员和旅客提供氧气。驾驶舱电源及氧气面板如图 5.2.5 所示。

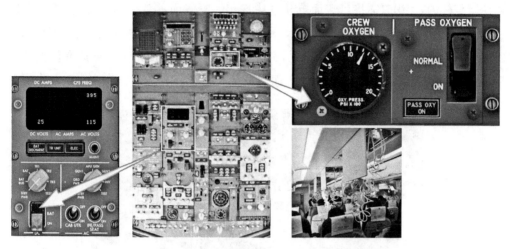

图 5.2.5　驾驶舱电源面板(左)和氧气面板(右)

3. 机组氧气瓶及面罩

机组氧气瓶用于储存机组氧气系统的氧气,瓶体为绿色,并印有"航空人员呼吸用氧"(AVIATORS' BREATHING OXYGEN)字样,以供识别。氧气瓶采用合金钢或复合纤维材料缠绕铝合金内胆制造技术制成。机组氧气瓶位于电子/电气(E/E)设备舱,在横梁支架的右下区域,可从前货舱接近氧气瓶。机组氧气瓶及位置见图 5.2.6。

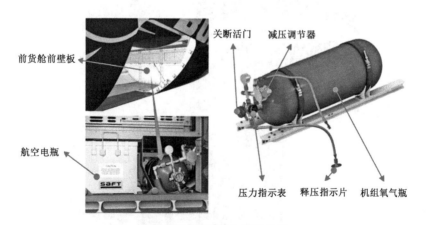

图 5.2.6　机组氧气瓶及位置

瓶体上设有机械压力表头,用于在机组氧气指示系统失效时确认瓶体压力。瓶体还设有过压安全释放活门,用于在瓶体压力过大时将氧气排出机外。当瓶体压力大于 2 600 psi

时，过压安全释放活门破裂，瓶体内氧气通过管路排至机外，此时可以观察到机外绿色释压指示片（吹除指示片）丢失。这个指示片在电子设备舱接近盖板的后部，与机身平齐，在飞机外部可以看到。每次起飞前，目视检查释压指示片，确保完好。

每个机组成员都有一个氧气面罩，飞行员的氧气面罩装在储藏盒内，观察员的氧气面罩装在储藏杯内，使用时需将氧气面罩从盒中取出。氧气面罩常见构型有"全脸"型和"口鼻"型，其中"全脸"型面罩含有防烟眼镜（图5.2.7）。氧气面罩通常采用"快速穿戴"设计，可以在5 s或更短的时间内，只用一只手，在氧气系统压力的协助下，可迅速激活充气带快速将其戴上，以避免因穿戴面罩时间太久而导致缺氧。

（a）"全脸"型　　　　　　（b）"口鼻"型

图5.2.7　机组氧气面罩构型

机组氧气面罩及储藏盒安装在驾驶舱内飞行员手臂的可达区域，如飞行员右手侧或左手侧，使得飞行员在需要补氧时可以方便地取出面罩进行补氧。氧气面罩的部件包括供气气管、面罩、稀释供氧调节器、麦克风等。机组氧气面罩及储藏盒如图5.2.8所示。

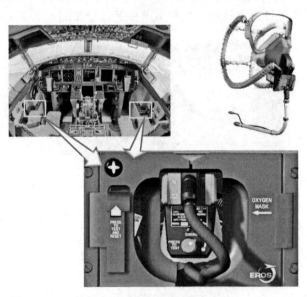

图5.2.8　机组氧气面罩及储藏盒

氧气面罩与氧气储藏盒通过自封接口相连,氧气面罩可选择多种供氧方式：NORMAL模式(混合氧气)、100％纯氧气模式、EMERGENCY模式(压力供氧)。EMERGENCY模式时,在任何座舱高度,氧气面罩都提供正压力的100％氧气,EMERGENCY模式供氧速度大于NORMAL及100％纯氧气模式；NORMAL模式时,机组人员吸气时面罩才供给氧气,按需提供空气、氧气混合气或100％氧气,在一定的客舱高度下提供空气与氧气的混合气体,超过了这一客舱高度,调节器就提供100％纯氧,客舱高度越高,面罩提供的氧气越多,直到100％氧气；如果调节器选择100％纯氧气模式,使用者可在所有的座舱高度范围内呼吸到纯氧气。

当储藏盒上的流量指示器出现黄色十字时,说明有氧气流到面罩内；当氧气面罩拉出,储藏盒门关闭,盒盖上的白色"OXY ON"旗标志说明储藏盒关断活门打开,这个时候有氧气供给机组。两个观察员的氧气面罩置于储藏杯内,该储藏杯没有上述储藏盒的特点。另外,氧气面罩还带有麦克风,保证飞行员在吸氧过程中能通话。

按压红色充氧夹,可以使氧气面罩储藏盒的左右盖板门开锁,并使得面罩充气带软管充气(充气后的氧气面罩软管如图5.2.9所示),便于在紧急情况下用一只手快速将面罩戴好。

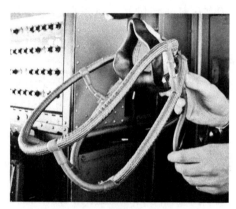

图5.2.9　充气后的氧气面罩软管

氧气面罩用完后,按原样放回储藏盒,盖上左右盖板,按压测试重置按钮,"OXY ON"旗标志收回,切断供给面罩的氧气。

资料

2016年11月19日,由深圳航空执飞的ZH912W(深圳—天津)B5363航班在深圳地面准备期间,有驾驶员在驾驶舱内两度吸烟,不慎将烟头弹落至氧气面罩区域。驾驶员发现烟雾后,慌忙中拔出氧气面罩,并误触动旋钮至"Emergency"位,氧气面罩喷出100％的氧气,产生明火,从而到导致面罩被烧毁(见图1)。副驾驶用矿泉水将明火浇灭,所幸事件未造成人员伤亡。

事件原因：当班副驾驶作风纪律差,在驾驶舱准备期间吸烟,严重违反公司《飞行运行总手册》禁止吸烟的规定,这是造成本次事件的直接原因；在组织管理方面,飞行部存在人员教育培训不到位,日常管理不严格的问题,对飞行员地面吸烟的问题重视不够。

处理结果：事件构成一起人为责任运输航空严重事故征候,深圳航空对相关责任人员作出处理。

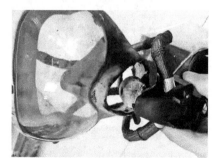

图1　烧毁的氧气面罩

任务三　旅客氧气系统

1. 旅客供氧方式

旅客氧气系统在应急情况(座舱增压失效、氧气面罩自动脱落)下向乘客和客舱乘务员供氧。大多数飞机的旅客氧气系统采用化学氧气发生器供氧,个别飞机的旅客氧气系统采用高压氧气瓶供气。对于高高原型旅客氧气系统,旅客氧气瓶安装在后货仓左前壁板上(图5.3.1)。

氧气面罩存放在乘客座椅上方的旅客服务组件(Passenger service unit,PSU)、厕所天花板的厕所服务组件(Lavatory service unit,LSU)及客舱乘务员座席上方乘务员服务组件(Attendant service unit,ASU)的氧气面罩储藏室内。当座舱高度达到4 267 m时,氧气面

图5.3.1　高高原型旅客氧气瓶

罩储藏室的盖板门自动打开,氧气面罩自动脱落,驾驶舱 P5 后顶板上的旅客氧气使用灯(PASS OXY ON)点亮。客舱氧气面罩储藏室位置如图5.3.2所示。

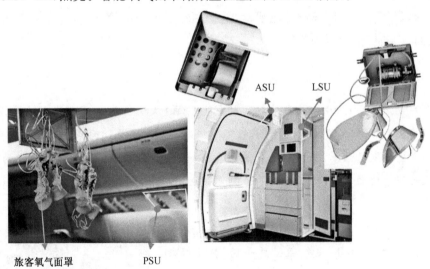

ASU　　LSU

旅客氧气面罩　　　　PSU

图5.3.2　客舱氧气面罩储藏室位置

氧气面罩储藏室的盖板三种打开方式如下:

(1) 自动方式

当座舱高度达到 4 267 m 且驾驶舱后顶板上的旅客氧气系统开关位置在 NORMAL

时,氧气面罩储藏室的门会自动打开,氧气面罩脱落。

（2）电动方式

当驾驶员将旅客氧气系统开关扳到 ON 位时,可以使氧气面罩脱落,氧气面罩储藏室的门也能打开,氧气面罩自动脱落。

（3）人工方式

当采用自动和电动方式都无法打开氧气面罩储藏室的盖板时,可采用人工方式,客舱乘务员可以使用尖细的物品（例如笔尖、别针、发卡等）打开氧气面罩储藏室的盖板,使氧气面罩脱落。氧气面罩储藏式盖板位置见图 5.3.3。

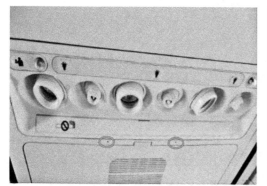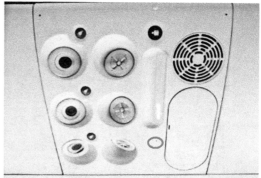

图 5.3.3 氧气面罩储藏室盖板位置

2. 旅客氧气系统部件

旅客氧气系统（图 5.3.4）部件主要包括驾驶舱的氧气系统控制面板、高度压力电门、控制和指示继电器、氧气服务组件。氧气服务组件包括面罩、化学氧气发生器、门和门锁。

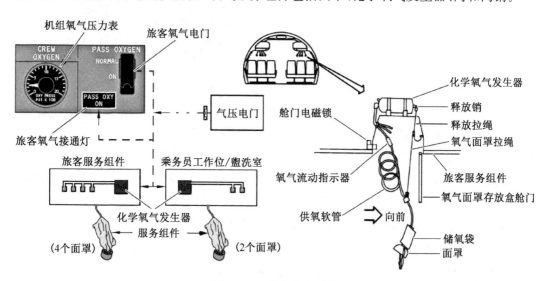

图 5.3.4 旅客氧气系统

门锁作动器用于打开氧气面罩储藏室门使面罩自由落下。当飞行员操作驾驶舱内的旅客氧气电门启动旅客氧气系统时,各服务组件的氧气面罩储藏室门电磁锁开锁,储藏室门在重力作用下打开,氧气面罩掉下,琥珀色的旅客氧气接通灯亮。

旅客服务组件盖板上有一个长方形的测试/复位按钮,这个按钮在不需要放出氧气面罩的情况下,可以用来测试氧气面罩盒门锁作动器,并可以复位盖板锁作动器。在正常状态时,测试/复位按钮与盖板平齐。旅客服务组件有两种构型:构型一,在测试状态时,将测试按钮拉出,逆时针旋转90°,挡住盖板门以防止氧气面罩掉出。如果将盖板锁作动器复位,可以听到"嘀嗒"一声。构型二,需要使用止动测试工具片插入测试槽中,确保止动工具片与卡槽完全啮合或使用纸胶带将氧气面罩盖板门与PSU盖板间隙粘住。PSU常见构型见图5.3.5。

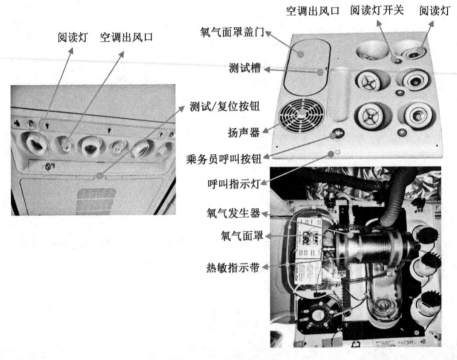

图5.3.5 PSU常见构型

化学氧气发生器是机械操作式的,当氧气面罩掉落,旅客拉动氧气面罩时,通过面罩拉绳和释放拉绳作动释放销,从而产生局部高温,触发化学氧气发生器,这时氧气发生器开始工作,此过程至少需要12 min。氧气发生器上有一个热敏指示带,通常状态下是橙色的,如果氧气发生器工作了,指示带变成黑色,产生的热量可能会使发生器表面温度达到232 ℃(450 ℉)。氧气发生器上有一个安全销,用于防止维护时意外作动氧气发生器,在点火销上有一个十字孔,可以插入安全销。如果氧气发生器上安装了安全销,在紧急情况下,氧气发生器将无法工作,所以完成维护工作后,必须取下安全销。见图5.3.6。

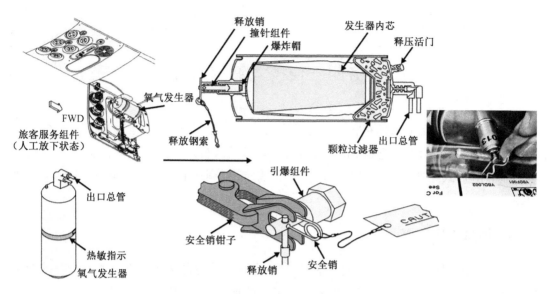

图 5.3.6　氧气发生器上的安全销(已安装)

3. 旅客氧气面罩的使用

在驾驶舱 P5 后头顶板旅客氧气面板(图 5.3.7)上有一个用于释放乘客氧气面罩的保护电门,电门有黑色保护盖并采用保险丝防止误触碰。电门有两个位置(ON 和 NORMAL)位,还有一个氧气面罩放下指示灯 PASS OXY ON。

只有在向下拉动氧气面罩后,氧气发生器才进行化学制氧,向所连接的几个氧气面罩同时连续供氧。使用时将面罩罩在口鼻处,把带子套在头上,进行正常呼吸(图 5.3.8),当不吸氧时储藏袋可以储存氧气。拉动储藏室内的任何一个面罩都可使该氧气面罩储藏室内所有的面罩都有氧气流出。氧气发生器一旦开启工作就连续不断供氧,直到所有化学成分消耗完,一般至少可供氧 12 min。化学氧气发生器工作时,不要用手触摸,以免烫伤。

图 5.3.7　旅客氧气面板

图 5.3.8　氧气面罩的使用

任务四　便携式氧气系统

便携式氧气设备通常储存在驾驶舱和客舱出口附近,提供独立于固定氧气系统的便携氧气,用于紧急情况(如急救)和一些有特殊要求的人员。便携式氧气设备包括便携式氧气瓶和防护式呼吸设备(PBE),在关键时刻能起到救助的作用,乘客们不可随意触碰。

1. 便携式氧气瓶

便携式氧气瓶(图 5.4.1)也叫手提氧气瓶,用于医疗急救救护或作为便携设备维持生命供氧,一般手提氧气瓶要装在飞机上容易接近的地方。便携式氧气瓶内充有氧气,瓶上有一个压力表,用于显示可用的氧气量,压力越大,说明瓶内氧气贮存量越多。

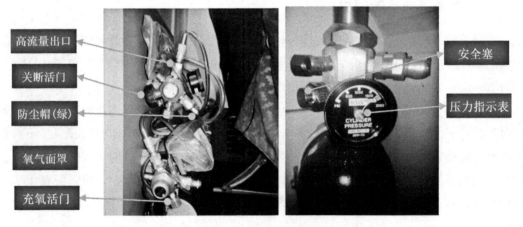

高流量出口
关断活门
防尘帽(绿)
氧气面罩
充氧活门

安全塞
压力指示表

图 5.4.1　便携式氧气瓶

每个手提氧气瓶是一个独立的系统,并配备相应氧气面罩,只有插入氧气面罩接头才会有氧气流到氧气面罩。瓶盖上的关断活门控制流到氧气面罩的氧气流量,每个便携式氧气瓶上设有两个连续的流量出口,一个用于中低流量供氧,另一个用于医疗急救的高流量供氧。顺时针方向转动关断活门是关断,逆时针方向转动是打开。充氧活门用于地面充氧,安全塞用于当气瓶超压时迅速释放氧气压力。

进行氧气瓶检查时应确认压力指示位于标准范围(1 800 psi,室温 21 ℃)内,有些构型的氧气瓶压力指针位于红区表示合格,并确保氧气瓶数目与要求一致、氧气面罩在位、氧气出口防尘帽在位、面罩插接正常。

2. 防护式呼吸设备

防护式呼吸设备(Protective Breathing Equipment,PBE),又称防烟面罩,由防火材料制成,位于驾驶舱左后侧和客舱的专用储藏盒内。当机组人员在灭火时遇到烟雾时,或在毒气产生或客舱释压的情况下,PBE 可用于保护机组人员的眼睛和呼吸系统,以便其安全地进出烟雾区域进行相关急救操作。

防护性呼吸设备主要由方便穿戴的防烟头套、供气装置和含束带的口鼻面罩组成。PBE 采用真空包装,可延长使用寿命,上有可用性指示器用来显示可用状态。存储盒上的指示器对湿度敏感,如发现指示器的颜色发生改变,必须拆下该 PBE 送修并更换新件。供气装置使用化学氧气发生器、化学空气发生器或压缩氧气作为支持空气源。拉动束带时,供气装置开始向面罩供氧,一般提供至少 15 min 的氧气。头套前部有一块透明板,可给使用者提供良好视野,束带用于拴紧口鼻面罩。常见防护式呼吸设备如图 5.4.2 所示。

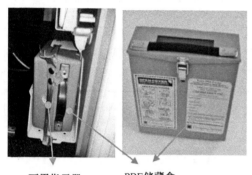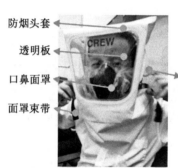

图 5.4.2 常见防护式呼吸设备(PBE)

任务五 常见氧气系统维护工作介绍

1. 氧气系统压力检查

注意:

1. 误扳动人工放氧气面罩开关会导致整机氧气面罩放下;
2. 禁止在驾驶舱吸烟及使用明火。

维修工作单

❶ 操作前准备

1. 飞机接电,检查氧气压力是否显示正常;

2. 确认机组人数(一般情况下为三人)。

❷ 施工步骤

1. 检查机组氧气面罩是否在面罩储藏盒内完好放置;

2. 在驾驶舱上 DU 左上角确认当前温度;

3. 检查驾驶舱 P5 后顶板的氧气压力指示器显示的机组氧气压力值并记录,并根据下表确认对应放行压力值;

表格 1   机组氧气瓶压力最低放行标准(Crew Oxygen Minimum Dispatch Pressure)

机组人数 Number of Crew	瓶体温度 Bottle Temperature(℃)												检查值
	−10	−5	0	5	10	15	20	25	30	35	40	45	℃
2	490	500	505	515	520	530	540	545	555	565	570	580	psi
3	660	670	680	695	705	715	730	740	750	760	775	785	psi
4	830	845	860	875	890	900	920	930	945	960	975	990	psi

4. 检查氧气面罩释放电门的保护盖上是否有保险丝,琥珀色 PASS OXY ON 灯灭。

❸ 施工结束步骤

1. 准备工作恢复至常态,相关人员撤离;

2. 清点工具,打扫现场。

2. 机组氧气瓶的更换

警告:

禁止任何滑油、油脂、污物或其他易燃材料接触氧气瓶组件,这些物品与氧气混合可能会引起爆炸。

注意:

1. 在施工中应使用清洁干净无油污的氧气专用工具箱;

2. 注意静电接地良好,系统断电,使用静电保护腕带;

3. 进行机组氧气瓶更换时符合 AMM 手册的要求,机组氧气瓶需注意互换性和有效性;

4. 不要让滑油、油脂等易燃物品接触到氧气系统,远离火源。

维修工作单

❶ 操作前准备

1. 在工具间借用氧气瓶更换专用工具箱、力矩扳手、毛巾等；

2. 整机断电或只将地面勤务汇流条通电，打开跳开关（P18-3）氧气（F7）压力指示；

3. 打开前货舱前部下壁板。

❷ 施工步骤

1. 拆下保险丝，把氧气瓶关断活门旋钮顺时针拧到全关位，放掉管路里的气体。

2. 使用两把开口扳拆下调压器固定螺帽，拆下释放管接头螺帽，断开电插头（如果5 min之内不能完成安装，对断开的氧气管路进行封堵）。

3. 松开固定氧气瓶的卡箍，拆下氧气瓶。

4. 检查领出的氧气瓶件号及压力是否符合要求，拆卸下释放管接头并更换密封圈。

5. 确认氧气瓶的适用性和外观，将氧气瓶放入合适位置，确认氧气瓶底部安装到支架止动位；转动调整氧气瓶位置，使得氧气瓶出口垂直向上且略微朝左偏；检查氧气瓶固定卡箍T型头是否未损伤，安装固定卡箍，前后晃动氧气瓶确认固定良好。

6. 安装过压释放管，固定好调压器接头螺纹盖，防止设备损伤；用手套上调压器螺帽，确保调压器组件平面垂直于氧气瓶轴线，按要求拧紧力矩，确保调压器组件不会与瓶体及飞机结构相磨。

7. 根据要求，在氧气瓶关断活门旋钮上做好标记，按要求用手慢慢打开关断活门直到全开位后，回转1/4圈。

8. 打开气瓶后涂抹试漏液试漏，测试正常后打保险，防止氧气瓶打开到全开位而卡死。

9. 恢复前货舱前部下壁板，闭合跳开关，为飞机正常供电。

❸ 检查测试步骤

1. 接近驾驶舱机长或副驾驶侧氧气面罩盒上按压复位/测试杆并保持，出现黄十字星氧气流动指示，同时听到气流声，1～2 s后黄十字星和气流声消失，松开复位/测试杆。

2. 应急位测试：按压复位/测试杆并保持，同时按压"EMERGENCY"（紧急）旋钮超过5 s，出现黄十字星氧气流动指示，气流声保持，确保驾驶舱P5～P14面板氧气压力表指示针无摆动，压力下降不超过100 psi；松开"EMERGENCY"（紧急）旋钮，黄十字星氧气流动指示消失；松开复位/测试杆，确保测试/复位杆回到正常位置。

3. 打开氧气面罩盒左门，按压"EMERGENCY"（紧急）旋钮并松开，确认出现黄十字星氧气流动指示；关闭左门，确保左门上氧气面罩盒指示旗打开；将DILUTION CONTROL设置到100%位，再次按压复位/测试按钮，确保指示旗收回；

4. 检查氧气瓶压力与P5板指示压力是否一致。

项目练习

1. 如果机身右前方的绿色氧气系统信号片不见了,应该(　　)。

    A. 检查氧气瓶看有无放气　　　　　B. 检查机组人员关断阀,看是否在关位置

    C. 更换充气管上失效的单向活门　　D. 对乘客氧气面罩进行落体试验

2. 飞机维修人员在何处接近机组人员氧气瓶?(　　)

    A. 驾驶舱　　　　　B. 前设备舱门　　　　C. 主电子设备中心　　D. 前货舱门

3. 怎样人工释放氧气罩储存箱门?(　　)

    A. 无法达成

    B. 取下两个快检扣件

    C. 拉复位钮,并旋转之,以松开门上锁扣

    D. 将一个小圆棍插入门锁扣松开孔

4. 航空呼吸用氧气与医用氧气主要区别在于航空用氧气(　　)。

    A. 是氧气与其他正常呼吸所必需的气体混合物

    B. 是已除去水分和水蒸气

    C. 是含有一定比例的氢气的混合物

    D. 是含有一定量无毒的润滑剂的氧气

5. 高压航空用氧气瓶的识别标志是(　　)。

    A. 黄色瓶并有白色的"航空呼吸用氧"字

    B. 绿色瓶并有黄色的"航空呼吸用氧"字

    C. 绿色瓶并有白色的"航空呼吸用氧"字

    D. 蓝色瓶并有白色的"航空呼吸用氧"字

6. 认为氧气系统有泄漏时,对管路接头进行检查的方法是(　　)。

    A. 在检查区域涂上一层中性洗涤用溶剂,若有泄漏则该处溶剂将明显地发散开

    B. 用扭力扳手检查接头力矩并用染色探伤法检查所有管道有无裂纹

    C. 使用专门的溶液进行气泡检查

    D. 目视检查,若喇叭口和接头处没有破裂且接头拧紧力矩符合标准则不会产生严重泄漏

7. 氧气系统中的流动指示器指示的是(　　)。

    A. 流过的氧气流量值　　　　　　　　B. 使用者能否得到足够的氧气量

    C. 是否有氧气流过　　　　　　　　　D. 氧气调节器的应急手柄是否在打开位

8. 打开氧气瓶与系统连接的关断活门时,一定要(　　)。

    A. 迅速打开到"全开位",以免限流发热

    B. 慢慢打开到"全开位",防止高压氧气突然冲入系统损坏管路

C. 根据用氧系统所需压力把活门开到适当开度

D. 缓慢打开到适当开度

9. 在维护化学氧气发生器时,必须(　　　)。

    A. 查看氧气压力是否足够　　　　　B. 拆卸安全销,防止误触发

    C. 安装安全销,防止误触发　　　　　D. 在低温环境下进行

10. 航空人员呼吸用氧与医用氧气的区别是(　　　)。

    A. 纯度不同　　　　　　　　　　　B. 温度不同

    C. 压力不同　　　　　　　　　　　D. 含水量不同

11. 氧气瓶的压力指示需要考虑(　　　)。

    A. 氧气纯度的影响　　　　　　　　B. 氧气温度的影响

    C. 大气压力的影响　　　　　　　　D. 大气密度的影响

12. 氧气系统中的稀释供氧调节器的功能是(　　　)。

    A. 调节氧气的压力　　　　　　　　B. 调节氧气的浓度

    C. 调节氧气的分配　　　　　　　　D. 调节氧气的温度

13. 为了防止氧气在高空寒冷条件下结冰,应该采取以下哪项措施?(　　　)

    A. 给氧气瓶加温　　　　　　　　　B. 给氧气瓶加压

    C. 给氧气提纯　　　　　　　　　　D. 进行干燥处理

14. 判断高压氧气瓶是否因超压而释放的方法是(　　　)。

    A. 观察驾驶舱的氧气压力表

    B. 观察氧气瓶上的氧气压力表

    C. 观察驾驶舱的超压释放灯是否点亮

    D. 观察飞机蒙皮上的绿色塑料膜片是否被吹掉

ATA21 空调系统部件识别及常见维护

随着海拔的增加,气压下降,空气含氧量降低,气压低到一定程度,人体就会产生反应。高空环境中两个重要表象:低温和缺氧。高空缺氧会使人体新陈代谢功能发生严重影响。

空调系统是 B737NG 飞机的一个重要系统,主要功能是调节飞机座舱和客舱压力、温度,使机组、旅客有舒适的空气环境,避免因气压和温度不合适使人体感到不适而造成安全隐患。空调系统确保客舱内有合适的压力以维持生命,客舱通风为增压系统提供空气、冷却电子设备、对货舱加温并使其温度保持在舒适的范围。

任务一　认识空调系统及其部件

空调系统是飞机的重要系统之一,使飞机在不同的飞行状态和外界条件下,其驾驶舱、客舱、设备舱及货舱具有良好的运行环境,以保证飞行人员、货物的安全及设备的正常工作。

1. 空调子系统

空调系统为飞行机组、乘客、飞机设备提供内部环境控制。比如空调制冷、增压、通风和设备冷却等。空调系统的各子系统见图 6.1.1。

- 制冷系统　将热的引气冷却;
- 分配系统　将适宜温度的空气供到机舱,保持机舱的通风和循环;
- 温度控制系统　控制驾驶舱和客舱区域温度,满足各区域不同的温度需求;
- 设备冷却系统　将驾驶舱和设备舱电子设备的热量排走,保护设备;
- 系统加热　部分区域需要加热,防止结冰,如门、货舱;
- 系统增压　使机舱保持一个舒服、安全的座舱压力。

图 6.1.1　空调系统各子系统

2. 空调系统介绍

现在民用客机普遍采用的空调系统是空气循环冷却系统（图 6.1.2），从气源系统获得新鲜空气,新鲜空气通过左、右两个流量控制与关断活门进入空调系统,该活门控制进入飞机的新鲜空气的量。

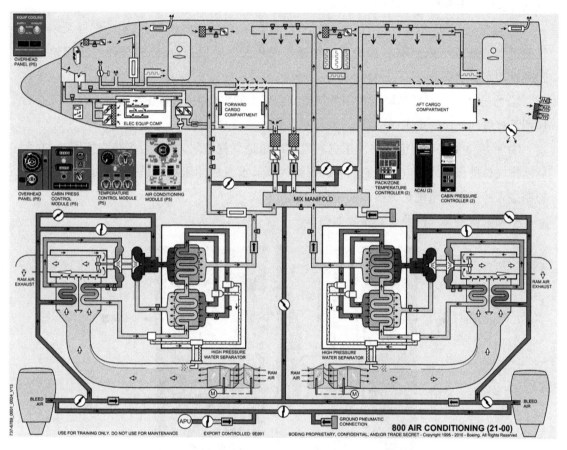

图 6.1.2 空调系统原理图

高温高压的空气进入空调组件,经过热交换器、冷却涡轮后被降温和抽湿,之后空气进入混合总管,再进入空调分配系统。

来自组件和地面空调接口的空调气通过分配系统进入温度控制区域,为空调空气加温,并调节气压。B737 - 800 飞机上有三个温度控制区域：驾驶舱区域、前客舱区域和后客舱区域。

为了通风,大约50％的客舱空气经过再循环系统被重复利用,这样可减少气源系统对新鲜空气的需求。

飞机有左、右两个空调组件。对左组件的控制通常可保证驾驶舱制冷,而对右组件的控制则保证对混合总管的制冷。

3. 空调系统主要部件

① 流量控制与关断活门（FCSOV）　引气通过流量控制与关断活门进入热交换器，控制并调节进入组件的引气流量。

② 热交换器　分为初级热交换器和次级热交换器，通过冲压空气将引气降温，冷却的空气进入空气循环机（ACM）压缩机部分。

③ 空气循环机（ACM）　空气循环机是冷却组件，包括压气机部件、涡轮部件及轴。空气通过空气循环机驱动涡轮，涡轮旋转带动压气机及叶轮风扇旋转，空气通过在涡轮内的膨胀做功使温度降低。

④ 水分离器　水分离器的作用是将空调空气中的水分去除，防止结冰。水分在离心力作用下被甩到外层的集水槽中，通过冲压空气管内的喷水嘴排出。

⑤ 冲压空气进气门组件　冲压空气通过冲压进气管进入，并将两级热交换器冷却，之后从排气口排出。冲压空气折流门和冲压空气调节板组成冲压空气进气门组件，该组件可控制进入冲压空气系统热交换器的冷却气流。

空调系统主要部件及安装位置如图 6.1.3 及 6.1.4 所示。

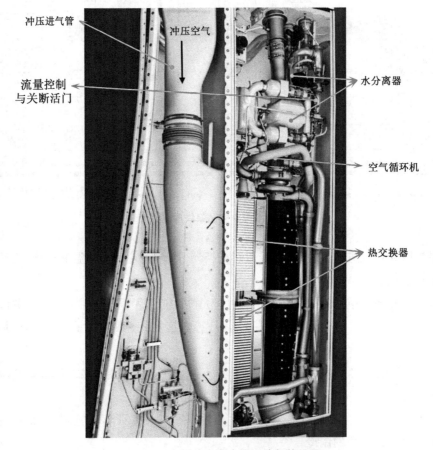

图 6.1.3　空调舱主要空调系统部件位置

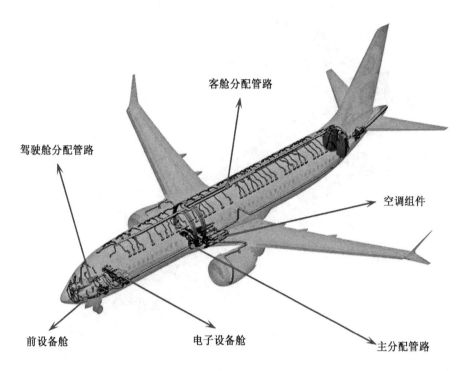

图 6.1.4　空调系统部件安装位置

空气流入组件中，由组件活门调节，引气来自发动机，温度很高，必须通过空调组件冷却，使发动机引气温度降低到所需要的温度。

4. 空调制冷

空调制冷的目的如下：

① 调节进入组件的引气流量；

② 移除进入组件的空气热量；

③ 控制组件出口空气的温度和湿度。

来自冲压进气管的冲压空气通过热交换器会使空气温度降低一部分。

空气经过初级热交换器（primary heat exchanger）得到初步冷却，冷却后的空气经过空气循环机（ACM）的压气机部分。压气机部件对冷却空气做功，会增加这部分空气的压力和温度，随后这部分空气再次进入次级热交换器进行第二次冷却。

空气循环机的涡轮部分会使冷却空气最大限度膨胀，使气体温度降到零下几度，空气压力降低。

随后经过回热器和冷凝器，空气温度进一步降低。湿空气流过冷凝器时，空气中的水分凝结成水滴，经过水分离器后，绝大多数水被分离，进入冲压空气进气管路中。

最后，干燥后的冷却空气进入空调系统。

空调组件部件位置示意图如图 6.1.5 所示。

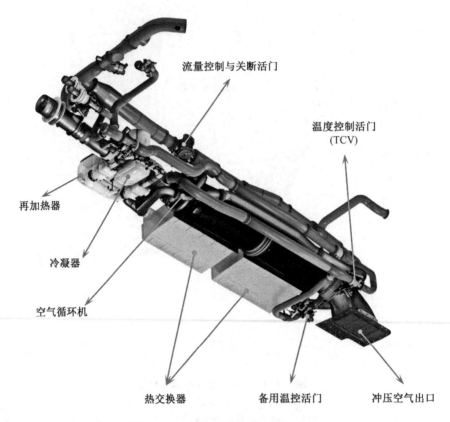

流量控制与关断活门

温度控制活门
(TCV)

再加热器

冷凝器

空气循环机

热交换器　　　　　备用温控活门　　　　冲压空气出口

图 6.1.5　空调组件部件位置示意图

任务二　空调分配系统

空调分配系统将空调冷却空气分配给三个飞机区域,分别是驾驶舱区域、前客舱区域和后客舱区域。空调分配系统示意图见图 6.2.1。

1. 空调分配系统功能

① 提供调节过的空气给驾驶舱和客舱;
② 给厕所和厨房通风,去除难闻气味;
③ 空气再循环使用;
④ 给电子设备供应冷却空气。

2. 空调分配子系统

① 主空调分配　主分配总管收集和混合来自任一气源的空气,如来自空调组件、地面

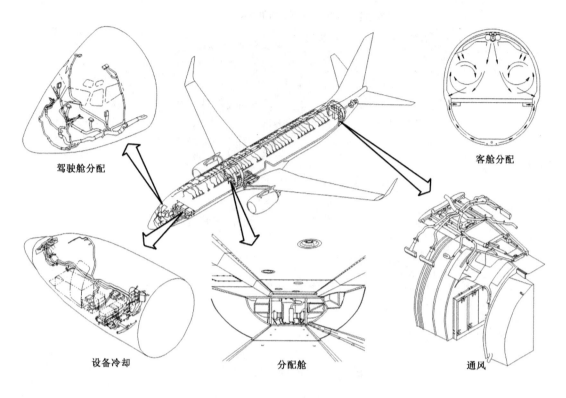

驾驶舱分配

客舱分配

设备冷却

分配舱

通风

图 6.2.1　空调分配系统示意图

空调、再循环系统的空气；

②　驾驶舱空调空气分配　从左组件和混气总管得到调节空气；

③　客舱空调空气分配　从分配总管引人空气，分配到客舱；

④　再循环系统　使客舱到主分配总管的空气流动起来，减少发动机的引气需求，提高发动机推力；

⑤　通风系统　利用压差将厕所、厨房废气从飞机中排出；

⑥　设备冷却系统　将驾驶舱和设备舱的电子设备热量带走，热气排到前货舱或者排出机外。

3. 主空调分配系统与地面空调接口

主空调分配系统位于前货舱后部的分配舱内，其作用是接收温度适宜的空气，分配到各机舱的分配管路。主空调分配系统部件图如图 6.2.2 所示。

两个空调组件给主分配总管输送调节空气，主分配总管将空气通过立管和头顶分配总管输送到客舱。

地面空调接口位于分配舱内、主分配总管的下面，用于将外部调节空气输送给飞机空调系统。地面空调外接近盖板在空调舱的前面。见图 6.2.3。

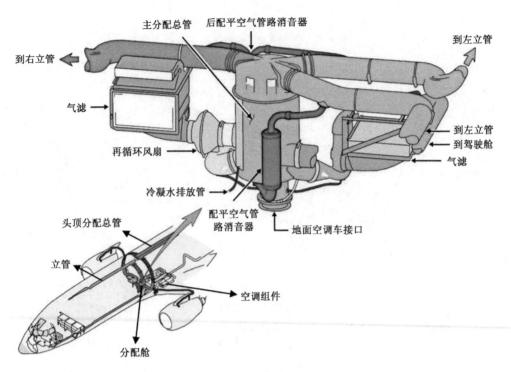

图 6.2.2　主分配系统部件图

图 6.2.3　地面空调接口盖板

4. 驾驶舱空调分配系统

　　驾驶舱空调分配系统给机组提供空调空气,将空气供到驾驶舱各出风口(图 6.2.4),控制驾驶舱各区域温度和空气流量。

　　驾驶舱拥有独立的空调来源,通常由左组件给驾驶舱提供空调。如果左组件失效,也可以从右组件引入空气。

驾驶舱的出风口主要在舱顶、地板、侧壁。除此之外,驾驶舱还有脚活门和风挡(除雾)。

风挡(除雾)和脚开关活门用于控制空气到风挡出气口(wind-shield air)和脚部出气口(foot air)。风挡和脚部出气活门安装在方向舵脚蹬的前部,可人工拉开把手打开活门。

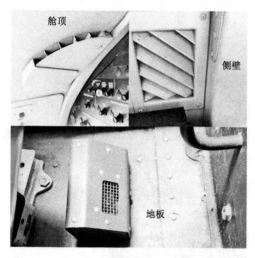

图6.2.4　驾驶舱冷却气出风口(舱顶、地板、侧壁)

图6.2.5　风挡(除雾)和脚活门及空气调节出口

5. 客舱空调分配

客舱空调分配系统负责将空调气流分配到客舱区域。

客舱分为前、后两个区域,两个区域的温度可以独立控制。客舱分配布局如图6.2.6所示。来自主分配总管的空调空气通过侧壁立管进入头顶分配总管(图6.2.7),再通过侧壁分配出口进入客舱、厨房和卫生间,客舱废气通过地板上的格栅进入再循环系统或机外。

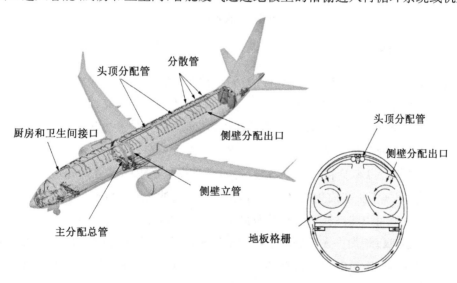

图6.2.6　客舱分配布局

图 6.2.7　客舱侧壁立管和头顶分配管

　　客舱区域的出风口主要为头顶的空调出风口和侧壁出风口,客舱的空气会从地板格栅排出,继续循环利用或者流向设备冷却。见图 6.2.8。

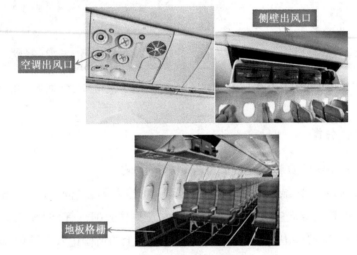

图 6.2.8　空调出风口

6. 空气再循环系统

　　空气再循环系统的作用是减轻组件的负荷,减少发动机引气的需求量,节省燃油和工作成本。空气再循环系统示意图如图 6.2.9 所示。

　　空气再循环系统部件安装在分配系统舱内,气滤安装在气滤支撑架上,可通过前货舱后端的隔板来接近该气滤。见图 6.2.10。

　　工作时,空气流过客舱和电子设备舱,再循环风扇将排出的部分空气从客舱地板底部空气格栅吸出,空气汇集在前货舱,然后经再循环风扇过滤清洁,重新回到混合总管。

　　再循环空气滤可以将空气中的细菌及微生物级别的细小颗粒过滤掉。

　　再循环风扇可以增加进入主分配系统的空气流量,风扇和主分配总管之间的单向活门可以防止空气从主分配总管进入再循环系统。安装再循环风扇时,要确保风扇上的流向箭头安装在正确的方向上,箭头应指向分配总管。气滤及再循环风扇见图 6.2.11。

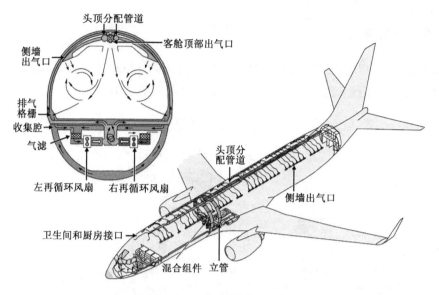

图 6.2.9　空气再循环系统

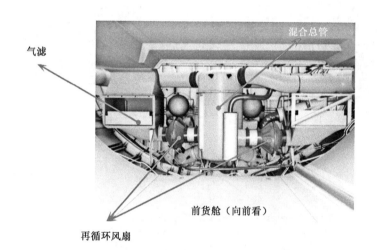

图 6.2.10　空气再循环系统部件位置示意图

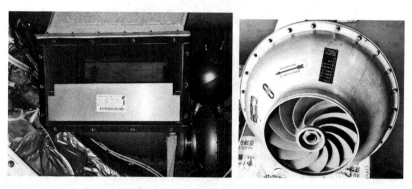

图 6.2.11　气滤与再循环风扇

7. 设备冷却系统

设备冷却系统使用客舱空气冷却设备舱和驾驶舱电子设备,去除热量。设备冷却系统示意图及设备冷却系统管路示意图分别如图 6.2.12 及图 6.2.13 所示。

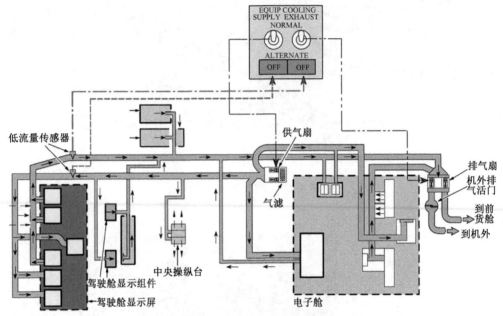

图 6.2.12　设备冷却系统

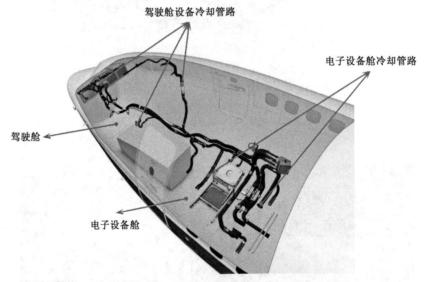

图 6.2.13　设备冷却系统管路示意图

设备冷却系统分供气系统和排气系统,供气系统提供冷气,排气系统收集和排除热空气。每个系统有两个风扇(正常风扇、备用风扇)和一个低流量传感器,两个风扇互为备份,风扇内部有单向活门,防止空气倒流,低流量传感器用于监视管道的冷却气流。

当飞机在地面时,向外排气活门将空气排出机外;在飞行中,排气则排向前货舱来提供热气。

风扇失效时,低流量传感器探测到冷却空气流量低,给驾驶舱的控制面板提供警告信号,相应的供气风扇或排气风扇的 OFF 灯亮,将相应的电门放在备用位(ALTERNATE),大概 5 s 后,设备冷却的 OFF 灯熄灭。

8. 通风与加温系统

通风系统位于厨房和厕所的通风口,可以将废气(油烟味和臭味)排出机外,并将客舱天花板上方和厨房的热空气抽走。

通风系统利用飞机内外压差将空气抽出机外。厨房和厕所的空气通过机外排放口排出。

厕所和厨房通风系统如图 6.2.14 所示。

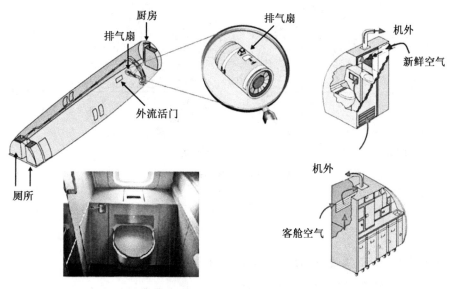

图 6.2.14　厕所和厨房通风系统

前货舱和后货舱都是和客舱相通的,客舱空气通过地板格栅流入货舱。为了防止货舱在空中温度太低,客舱循环的空调气体通过地板格栅流出,环绕货舱壁流动,给货舱加温,保证货舱温度高于结冰温度;飞机上有专门的管道将热空气通到货舱壁给货舱加温,即把被前电子设备舱加热过的空气排入前货舱侧壁使货舱升温。货舱所有侧壁面热空气是隔绝的,防止热量通过机身蒙皮传递,这样可减少热量的散失。

流入后货舱的空气将通过外流活门排出机外,流入前货舱的空气将会被两个再循环风扇吸入并过滤,然后再次汇入混合总管中,这有助于减少空调组件和发动机引气的负荷且有利于空气的循环利用。

在客舱,舱门区域的加温器给两个登机舱门提供额外的热量,防止舱门周围区域过冷。前登机舱门加温器使用来自驾驶舱分配供气管的空调气,后登机门舱门加温器使用来自后客舱分配供气管的空调气。同时,应急舱门区域采用加温毯提供额外热量,加温毯安装在应急出口门装饰物周围的后面。

加热系统示意图如图 6.2.15 所示。

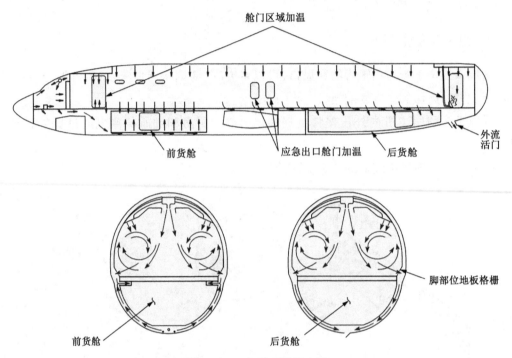

图 6.2.15　加热系统示意图

2018 年 7 月 10 日,国航 CA106 航班执行香港—大连航班任务。在巡航阶段,飞机出现座舱高度警告,机组人工释放了旅客氧气面罩(图 1),并实施紧急下降,于北京时间 22:31 分在大连机场安全落地,机上无人员受伤,飞机没有受损。

该航班出现紧急下降的原因是:空中巡航阶段副驾驶吸电子烟,为防止烟味弥漫到客舱,在没有通知机长的情况下,误把两个空调组件电门当成再循环风扇关掉,客舱氧气不足导致座舱释压,出现座舱高度警告。机组误操作后,认为增压不可控,

图 1　旅客氧气面罩掉下

宣布Mayday并紧急下降,旅客氧气面罩也因此掉下。

2018年5月1日起实施的《关于在一定期限内适当限制特定严重失信人乘坐民用航空器 推动社会信用体系建设的意见》明确规定,在航空器内使用明火、吸烟、违规使用电子设备,不听劝阻的行为将被公安机关处以行政处罚或被追究刑事责任,将限乘民用航空器。

任务三　温度控制系统

"机长,飞机上没毛毯了,麻烦温度调高点呗!"

相信80%的兄弟在飞行中都听到过这句话。

—— 到底是什么控制了前后舱的温度?

—— 调节温度的热气、冷气到底是从哪里来的?

B737NG飞机有左右两个空调组件,左组件给驾驶舱、混合总管供气,右组件直接给混合总管供气。混合总管将冷空气通过两条不同管道分配给前、后客舱。

单个组件在高流量模式下,可以为整个飞机提供增压,并使机舱保持适宜的温度。

在地面上,地面空调车可以给混合总管提供预调空调气。

空调系统简图见图6.3.1。

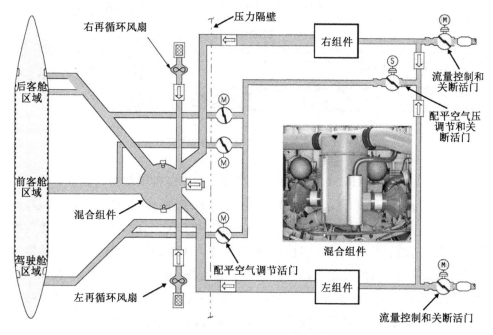

图6.3.1　空调系统简图

1. 冷却系统

冷却系统控制由气源系统进入空调组件的新鲜空气量,并对进入空调组件的空气进行降温,同时控制组件出口的温度和湿度。

B737-800 具有左右两套冷却系统,采用的是三轮式空气循环冷却系统,使用涡轮冷却器和热交换器两种冷却装置将高温引气冷却。冷却系统主要部件有空调/引气控制面板、流量控制和关断活门(FCSOV)、热交换器(初、次级)、空气循环机(ACM)、再加热器、冷凝器、水分离器、冲压空气系统。B737-800 空调系统冷却循环示意图如图 6.3.2 所示。

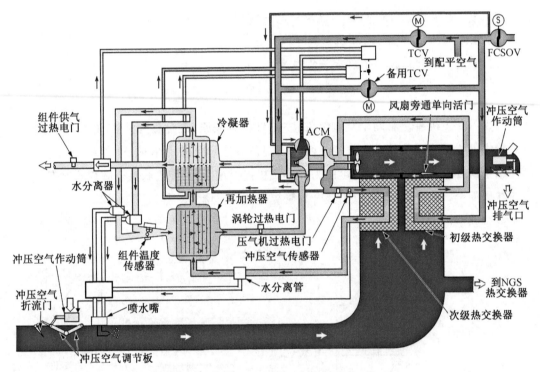

图 6.3.2　B737-800 空调系统冷却循环示意图

流量控制和关断活门(FCSOV)控制并调节进入空调组件的热引气流量。热引气先经初级热交换器(primary heat exchanger)与冲压空气系统进行热交换,把热量带走,使引气温度初步下降。然后,冷却过后的气流流向空气循环机(ACM)的压气机部分,压气机对气流做功,气流经压缩后升温,之后经过次级热交换器。压缩的气流经次级热交换器后再次降温,两次热交换使气流的温度大幅度降低。气流经高压除水系统(再加热器、冷凝器、水分离器)除湿,可以有效防止涡轮结冰、损坏。干燥的气体流回到空气循环机的涡轮部分,在涡轮部分迅速膨胀,温度降低。涡轮出口的气体又再次经过冷凝器,使流经冷凝器的气流温度进一步降低,调节后的空气流入混气总管和分配系统。

再加热器对进入涡轮的气体进行加温,冷凝器使气体的温度降至露点,可以有效将气体中的水蒸气凝结,以便水分离器搜集并去除绝大多数水分,水分通过喷水嘴喷射到冲压空气管路中,部分没有分离的水分通过再加热器再蒸发。冲压空气系统控制流过热交换器的外界大气的流量,涡轮转动可以带动风扇转动,使飞机在地面或低速飞行状态下,仍可保证热交换器有足够的冷却气流。组件温度传感器(pack temp sensor)提供过热保护,过热会使组件活门关闭并使组件(PACK)指示灯亮。

初级热交换器进口与涡轮出口之间设有两个温度控制活门(TCV),用于控制空调组件输出温度。备用温度控制活门还可以使组件排气温度升高以防止冷凝器结冰。

2. 冲压空气系统

冲压空气系统的作用是向热交换器提供冷却气体,调节冷却的空气量。冲压进气口位于机翼翼根的前下方。见图6.3.3。

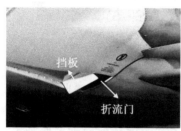

图6.3.3　冲压进气口(折流门、冲压作动筒)

进气门的开度控制流向热交换器的空气流量,由于冲压进气门会控制进入热交换器的空气流量,飞机在地面时或者在襟翼未完全收起的低速度飞行过程中,冲压进气门处于全开位置以便进行最大冷却;空中巡航时,冲压进气门在开位和关位之间调节。

当冲压进气门在全开位时,空调面板上的冲压进气门全开灯亮。

冲压空气管道前部有一个折流门,由冲压作动筒控制;折流门的作用是防止管道吸入脏东西,其由空地传感器控制。

3. 温度控制与配平空气系统

温度控制系统由组件温度控制和区域温度控制两部分组成,正常情况下,两者协调进行温度控制。发动机或APU的热引气经过流量控制与关断活门(FCSOV)后被分为三路:

第一路气体通过热交换器、ACM形成冷气路。

第二路热引气供往温度控制活门,与冷气路按指令掺混,以调节空调组件出口温度。温度控制活门分主温度控制活门(TCV)和备用温度控制活门(STBY TCV)两种。备用温度控制活门可作为主温度控制活门的备份,且可以防止冷凝器结冰。

第三路气体作为配平气体供往配平空气压力调节和关断活门及三个区域配平气体调

节活门。配平空气压力调节和关断活门控制到达区域配平气体调节活门的空气的流量及压力。

左右引气管道中的热空气流向配平空气系统,配平空气系统将热空气分到三个不同管道中,通过调节配平空气活门的开度,使热空气与来自空调组件的冷空气按比例混合,以达到调节、控制区域温度的目的。温度控制原理图如图 6.3.4 所示。

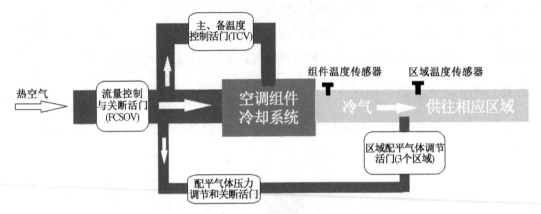

图 6.3.4　温度控制原理

左、右空调组件输出温度相同,为三个区域所选择温度的最低值。

配平空气调节活门调控配平空气量,控制三个区域增加热空气以调节温度,由空调面板上的温度选择器控制;配平空气压力调节和关断活门控制进入配平空气系统的空气流量,由空调面板上的配平空气电门控制。配平空气系统示意图见图 6.3.5。

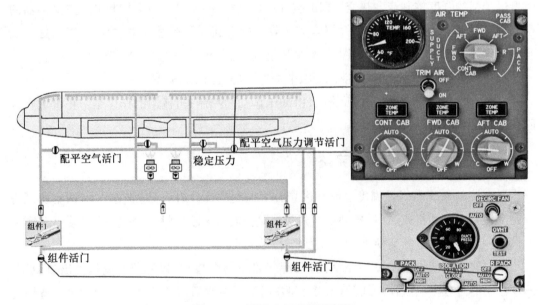

图 6.3.5　配平空气系统示意图

空调组件开始工作时,温度控制系统开始工作,组件/区域温度控制器(P/ZTC)从温度控制面板获得控制信号,通过客舱和驾驶舱的温度传感器获得温度信号,组件/区域温度控制器通过空调附件控制组件(ACAU)发出控制和操作信号来控制温度。

温度选择器的温度控制权限在18~30 ℃之间。正常情况下,机组设定机舱温度夏季通常为26 ℃左右,冬季通常为22 ℃左右。

图6.3.6　区域温度控制器

4. 组件空气流量控制

正常情况下,左组件使用左发引气,右组件使用右发引气。飞机在地面时,APU可以为左、右组件供气,在飞行中APU只能为一个空调组件提供引气。

组件由三位的组件电门控制,分别是:关断位(CLOSED)、自动位(AUTO)和高流量位(HIGH)。当两个空调组件电门在AUTO位且组件在工作时,组件提供正常气流;一个组件不工作时,另一个组件自动转换到高流量模式,以保证正常的通风率,在地面或襟翼放出时此模式被抑制;使用APU引气时,无论空地情况或襟翼位置如何,自动调节到高流量模式。

任务四　增 压 系 统

为给飞机提供一个舒适的座舱环境,除了对座舱空气的温度、湿度、流量进行调节外,还必须保证座舱空气的压力符合要求,这对于高空飞行的飞机尤为重要。

随着飞机飞行高度增加,外界环境气压和客舱压力逐渐减少,如同在高海拔山峰登山一样。通常情况下,人类只可以承受3 000 m高度以下的压力,故为了保证乘客的安全和乘坐时的舒适度和生理需求,防止乘客因为缺氧、低温进入休克状态,飞机必须进行客舱增压,使座舱空气的压力符合要求,保证飞机座舱内部在安全的高度。不同座舱高度下人体反应见表6.4.1。

表6.4.1　不同座舱高度下人体反应

座舱高度	人体缺氧反应
海平面	正常
3 000 m	头痛、疲劳

座舱高度	人体缺氧反应
4 300 m	发困、头痛、视力减弱、肌肉组织相互不协调、指甲发紫、晕厥
5 400 m	除上述症状外，记忆力减退、重复同一动作
6 700 m	惊厥、虚脱、昏迷、休克
8 500 m	5 min 之内出现虚脱、昏迷

1. 飞机增压原理

飞机在最大飞行高度下，客舱内的压力水平必须保持同 2 400 m 高度时大气压力相同。民用飞机的航空法规将飞行过程中最大的座舱高度限制在 2 400 m，机舱压力对应标准气压的高度就是座舱高度，显然，正常情况下座舱高度只能低于或等于（不增压）飞机实际高度。座舱压力越小，座舱高度越高；座舱压力越大，座舱高度越低。典型的飞机压力控制图如图 6.4.1 所示。

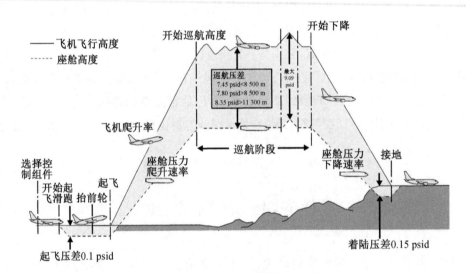

图 6.4.1　典型飞机压力控制图（自动模式）

飞机在飞行过程中座舱压力一直在发生变化，而人的耳朵需要一定时间才能补偿内耳的压力，所以座舱高度变化率必须限制在一定范围。通常来说，正座舱速率不应超过 150 m/min，负座舱速率不应超过 90 m/min。

飞机在空中为一个密闭的环境，机内机外保持一定的压差。空调组件不仅可以为飞机提供空调气，同时也能使飞机相应区域不断地增压。增压系统通过控制从机身排出的空气流（即调整外流活门开度）而达到控制空气压力的目的和维持稳定的座舱压力，以防止机组人员和乘客缺氧。

座舱的增压部分是密封的，称为增压舱。飞机机舱的增压区域包括整个客舱、驾驶舱、货舱以及电子设备舱；未增压的区域包括起落架舱、雷达罩和机尾。

增压控制系统主要由三个子系统组成,分别是:座舱压力控制系统、座舱压力释放系统和客舱压力指示与警告系统。增压系统示意图如图 6.4.2 所示。

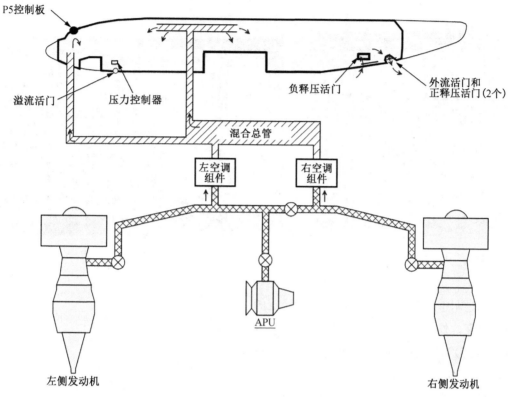

图 6.4.2　增压系统示意图

2. 座舱压力控制系统

座舱压力控制系统的作用是控制空气流出座舱的速率。主要部件有座舱压力控制组件、两个座舱压力控制器(CPC)、外流活门和机外排气活门。

座舱压力控制系统是双余度控制系统,控制组件用于控制和指示,可以输入和显示飞行高度和着陆高度,有增压模式和由人工作动外流活门的旋钮和手柄。还可以显示外流活门开度、故障指示和当前使用的模式。

座舱压力控制器(CPC)用于计算指令和故障检测,通过获取大气数据、发动机速度数据、空/地逻辑数据、组件活门和外流活门位置反馈信号数据,计算座舱压力和爬升率,输出信号控制外流活门开度。

B737 由两个压力控制器(CPC)控制座舱压力,分别作为自动和备用控制器。在正常模式和备用模式下,两个压力控制器都工作,任何时候只有一个控制器控制外流活门的开度,另一个用来备份。若当前压力控制器失效,另一个压力控制器将自动接替控制工作。两个CPC 在电子舱,通常有故障才会去自检检查表看代码,可以查看当前故障、故障历史、地面测试、系统状态、系统测试并清除故障历史。当自动控制失效时,可以启用人工方式,通过直流电动马达操控外流活门。座舱压力控制面板及压力控制器实物图分别如图 6.4.3 和图 6.4.4 所示。

图 6.4.3　座舱压力控制面板

图 6.4.4　压力控制器实物图(电子设备舱)

通过调整外流活门放气,可以维持稳定的座舱高度。外流活门位于机尾后勤务门下方(图 6.4.5),外流活门由三个电动马达分别作动控制,对应两套 CPC 和一套人工方式,任何时候只有一个马达控制外流活门的作动机构。如果座舱高度超过 4 400 m,该马达将使活门完全关闭。

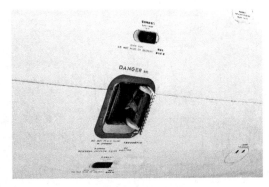

图 6.4.5　737NG 外流活门

外流活门位于飞机尾部,对飞机进行绕机检查时必须对其进行检查。为减少开关的气动噪声,外流活门下缘做成锯齿状。外流活门的开启由自动、备用、人工三种方式来控制。进行人工增压控制时,快速启动时需要小心,因为排气活门的快速启动可能会导致机舱爬升率或下降率发生较大变化,从而引起乘客不适甚至受伤。

机外排气活门位于前机身腹部(图 6.4.6),只有开和关两个位置,可以通过关闭再循环风扇电门将其打开,或者将空调组件置于高流量,如果任一空调组件电门置于高流量位,同时右侧再循环风扇关闭,则机外排气活门打

图 6.4.6　机外排气活门

开。在增压飞行过程中,如前货舱出现火警警报,机外排气活门将进行排烟。

在地面或者飞行过程中,机舱压力差小于 2.0 psi 时,设备冷却风扇气流将通过机腹排出机外。机舱压力差增大时,机外排气活门关闭,电子设备舱中较温暖的气流输送到前货舱进行加温。

除此之外,货舱的压力可以通过货舱吹除板和压力均衡活门控制(图 6.4.7)。货舱吹除板位于货舱顶部和隔板,可防止突然减压使飞机结构损坏,吹除板从框架中推出时,上下机身的压力迅速分布均衡。压力均衡活门位于前货舱的后侧壁板和后货舱真空污水隔板的前部,允许空气流入或流出货舱,以保持货舱压力与客舱压力相同。压力均衡活门包含两个方向相反的单项活门,一个活门在飞机增压过程中让空气进入货舱,另一个活门在飞机释压过程中让空气流出货舱。

图 6.4.7 货舱吹除板与后货舱压力均衡活门

3. 座舱压力释放系统

民用航空法规要求增压系统必须具有保护功能。当系统出现故障或处于极端环境条件下时,它们用来防止飞机损坏并且避免机上人员受到伤害。当座舱高度过高、压差过大或压差为负时,保护功能必须启动。

座舱压力释压系统是一个失效安全系统,用于在飞机压差过大时避免结构受到损伤。整个增压系统的工作一般可分为正常增压控制和应急增压控制两种。正常增压控制通常有自动、备用和手动三种状态。应急增压控制一般有三种方式:一是当座舱压力大于外界环境空气的压力且压差超过规定值时,正释压活门打开释压;二是当外界气压大于座舱压力时,负释压活门打开释压;三是当座舱压力减小,即飞机座舱高度超过规定值时,由座舱高度警告系统向驾驶员发出警告信号。

压力释放系统由两个正释压活门和一个负释压活门(图 6.4.8)组成:正释压活门(2个)位于外流活门的上方和下方,使内外压差保持在 8.95 psi 内;负释压活门(1 个)位于外流活门的前面,在快速下降的过程中,当外部压力大于内部压力且压差大于 1 psi 时活门作动。

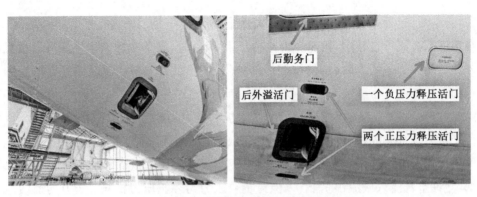

图 6.4.8　正压力释压活门和负压力释压活门

4. 客舱压力指示与警告系统

当座舱高度超过 3 000 m 时,位于前设备舱的座舱高度警告电门闭合,音响警告组件发出警告声音。该系统包含座舱高度面板、声响警告组件和座舱高度警告电门等部件。座舱高度面板安装在 P5 面板上,方便机组监视和控制增压系统。当客舱高度大于预设的限制时,音响警告装置发出间断的"嘟嘟"警告声,按压 ALT HORN CUTOUT 电门可切断音响警告。

图 6.4.9 为 B737NG 飞机增压系统的座舱压力控制面板和座舱高度面板,可以显示增压系统的压差、变化率和座舱高度数据,同时还可显示外流活门的状态。

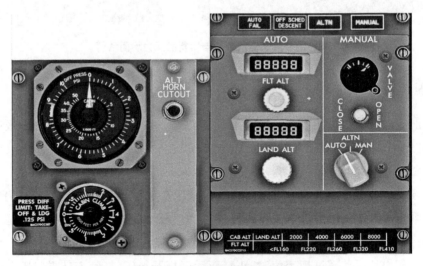

图 6.4.9　座舱压力控制面板和座舱高度面板

任务五　空调系统面板识别

飞机空调系统驾驶舱面板包括温度控制面板、空调/引气控制面板、设备冷却控制面板、座舱高度面板和座舱压力控制面板。

①　温度控制面板　提供温度控制系统的控制和指示功能；

②　空调/引气控制面板　提供空调制冷系统的控制和指示；

③　设备冷却控制面板　提供设备冷却系统的控制和指示；

④　座舱高度面板　监视和控制增压系统；

⑤　座舱压力控制面板　控制增压系统。

空调系统面板位置图如图 6.5.1 所示。

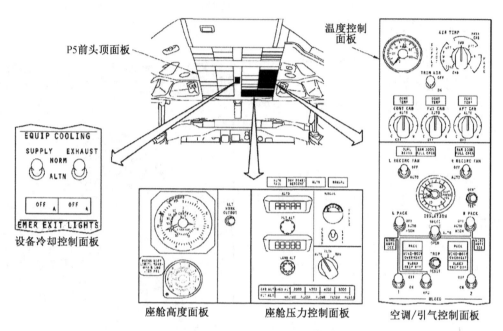

图 6.5.1　空调系统面板位置图

1. 温度控制面板

温度控制面板如图 6.5.2 所示。

（1）温度指示器

指示所选区域位置的温度。

（2）空气源温度选择器

可控制和显示三个空气源温度：分配引气管道温度（supply duct）、客舱管道温度（pass cab）、空调组件温度（pack）。

（3）配平空气电门

控制三个配平空气压力调节与关断活门的开关，航后放置在 OFF 位。

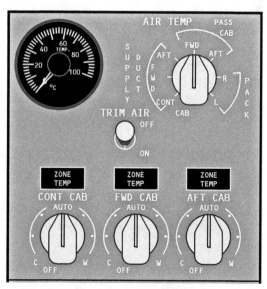

图 6.5.2　温度控制面板

（4）区域温度灯（3个）

分别用于指示驾驶舱、前客舱和后客舱的过热情况。

（5）区域温度选择器

用于调节驾驶舱、前客舱和后客舱温度。

AUTO位：为相应区域提供自动温度控制，将温度设定在 65～85 ℉，顺时针（W）调节温度升高，逆时针（C）调节温度降低，航后放置在 AUTO 位。

OFF位：OFF 位表示关闭相应区域的掺混空气调节活门。

2. 空调/引气控制面板

空调/引气控制面板如图 6.5.3 所示。

（1）双引气指示灯

灯亮表示 APU 引气和发动机引气同时供气，航后双引气灯灭。

（2）冲压进气门全开灯

显示冲压进气门状态，在地面时，冲压进气门完全打开，灯亮；飞机在空中时灯灭。航后全开灯亮。

（3）再循环风扇电门

OFF 位表示循环风扇关闭，航后放置在 OFF 位。

（4）气源管道压力表

指示左/右气源管道的压力，隔离活门打开，左右管道压力保持一致，指针处于重合状态。

（5）翼身过热测试电门

用于测试翼身是否过热，按压时，翼身过热灯、主警戒灯、AIR COND 灯亮。

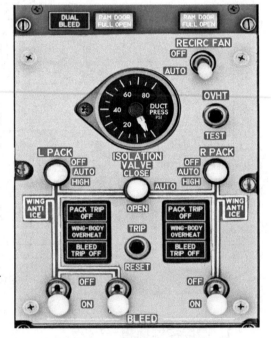

图 6.5.3　空调/引气控制面板

（6）空调组件电门

有 OFF 位、AUTO 位、HIGH 位（高流量位），当置于 AUTO 位时，两空调组件均工作，此时为正常流量模式；只有一个组件工作时，除了飞机在空中飞行且襟翼放出时，组件均调到高流量位；航后空调组件灯放置在 OFF 位。

（7）隔离活门

灯亮表示发动机吊架引气管路可能漏气，机翼前缘、空调舱等可能过热，航后放置在 AUTO 位。

（8）组件灯

组件灯亮表示空调组件超温或控制模块失效，航后组件灯灭。

（9）翼身过热灯

灯亮表示引气有漏气现象，航后翼身过热灯灭。

（10）引气跳开灯

灯亮表示发动机引气超温或超压，此时压力调节与关断活门（PRSOV）关闭，当超温超压情况消失，只需按压"TRIP RESET"跳开复位电门，重新打开 PRSOV，航后引气跳开灯灭。

（11）跳开复位电门

按压后，如果故障清除，则组件跳开灯、引气跳开灯、管道过热灯熄灭。

（12）发动机引气电门

用于发动机引气，引气活门是"电控、气动"，即电门在 ON 位时引气流入，航后电门放置在 ON 位。

（13）APU 引气电门

用于 APU 引气，航后电门放置在 OFF 位。

3. 设备冷却控制面板

设备冷却控制面板如图 6.5.4 所示。

（1）设备冷却供气扇电门（SUPPLY）

NORM 位表示正常冷却供气风扇工作，ALTN 位表示备用冷却供气风扇工作。航后将电门从 NORM（正常）位放到 ALTN（备用）位，以增加风扇的寿命。

（2）设备冷却排气扇电门（EXHAUST）

NORM 位表示正常冷却排气风扇工作，ALTN 位表示备用冷却排气风扇工作。航后将电门从 NORM（正常）位放到 ALTN（备用）位，增加风扇的寿命。

图 6.5.4　设备冷却控制面板

（3）设备冷却低流量指示

当设备冷却低流量传感器探测到冷却空气流量低时，相应的 OFF 灯点亮，提醒要及时切断飞机电源，防止烧坏计算机。

4. 座舱高度面板

座舱高度面板如图 6.5.5 所示。

（1）座舱压差/高度指示表（DIFF PRESS）

内圈：以英尺为单位指示座舱高度。

外圈：座舱与外界的压差，偏离飞行高度时最大值有 8.45 psi，高度急剧下降时可出现负压。

（2）座舱爬升率指示器（CABIN CLIMG）

指示座舱爬升或下降，单位：千尺/分钟。

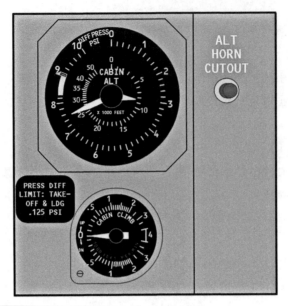

图 6.5.5　座舱高度面板

（3）座舱高度警告喇叭切断电门（ALT HORN CUTOUT）

当座舱高度超过 3 000 m 时，警告喇叭响，按压电门止响。

5. 座舱压力控制面板

座舱压力控制面板如图 6.5.6 所示。

（1）指示灯

琥珀色 AUTO FAIL 灯亮提醒机组：增压控制系统（自动模式）两个自动通道有一个或者两个都失效。若绿色 ALTN 灯也点亮，表明系统已经切换到备用系统进行控制。此时，将模式选择器电门置于 ALTN 时，AUTO FAIL 灯熄灭。

琥珀色 OFF SCHED DESCENT 灯亮表示飞机在所调定的计划巡航飞行高度之前下降。

绿色 ALTN 灯亮表示模式选择电门置于 ALTN（备用模式）位。

绿色 MANUAL 灯亮表示模式选择电门置于 MAN（人工模式）位。

航后指示灯均不亮

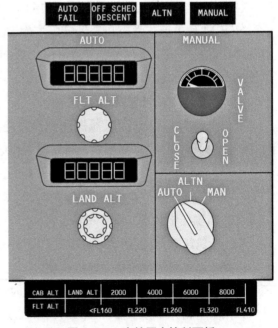

图 6.5.6　座舱压力控制面板

（2）飞机高度指示及选择器（FLT ALT）

飞机起飞前，调定计划巡航高度，选择器为按压、旋转调定。

（3）飞机着陆高度指示及选择器（LAND ALT）

飞机起飞前，调定计划着陆机场高度，大直径旋钮用于调 300 m 增量，小直径旋钮用于调 3 m 增量。

（4）外流活门位置指示及电门

指示外流活门的开度，电门有两个位置：在人工模式下，向右（OPEN）表示电动打开外流活门，向左（CLOSED）表示电动关闭外流活门。

（5）增压模式选择器

分为三种模式：AUTO（自动模式）、ALTN（备用模式）和 MAN（人工模式）。

任务六　常见空调系统维护工作

空调系统常见的维护工作包括使用地面空调设备提供空调空气、利用 APU 引气提供空调空气、用氮气吹洗热交换器、组件流量温度控制器（PFTC）测试等。

1. 使用地面空调设备提供空调空气

注意：

1. 建议使用地面空调设备给飞机供应空调空气，减少 APU 负担、节省燃油；

2. 确保关掉组件后至少等候 35 s 才切断气源供应，如果在空气循环机（ACM）没有停下之前切断供应，则会导致 ACM 损坏；

3. 使用地面空调期间，必须确保外流活门打开且至少一个舱门保持在开位，否则货舱壁板会被吹开，使客舱过压，致使人员受伤；

4. 飞机空调冷却组件和地面空调气源不能同时工作，以免造成设备的损伤。

维修工作单

❶ 操作前准备

1. 飞机由外接地面电源或 APU 正常供电；

2. 空调组件不工作（左/右空调组件在 OFF 位）；

3. 再循环风扇在 OFF 位；

4. 确认至少有一个登机门/勤务门打开，飞机尾部外流活门打开。

❷ 供气施工步骤

1. 准备好空调车,并将空调管铺好;

2. 再次与机组确认,空调组件已不工作;

3. 接近地面空调盖板、空调接头;

4. 检查地面空调接头单向活门、盖板铰链是否正常;

5. 将地面空调管连接到地面空调接头,确保锁紧在接头上;

6. 操纵地面空调车供气。

❸ 断开施工步骤

1. 断开地面空调车供气;

2. 将地面空调管与地面空调接头断开;

3. 关闭地面空调接头接近盖板,并确认锁定牢靠。

2. 利用 APU 引气提供空调空气

维修工作单

❶ 操作前准备

1. 确认飞机 APU 正常供电;

2. 确认地面空调已断开(如有);

3. 确认至少有一个登机门/勤务门打开,飞机尾部外流活门打开。

❷ 供气施工步骤

1. 将 APU 引气电门置于 ON 位;

2. 依次将空调左组件置于 AUTO 位;

3. 将隔离活门置于 OPEN 位;

4. 将右组件置于 AUTO 位;

5. 将再循环风扇电门置于 ON 位;

6. 将配平空气电门置于 ON 位;

7. 将温度控制面板旋钮置于 AUTO 位或冷位。

❸ 断开施工步骤

1. 将温度控制面板旋钮置于 AUTO 位;

2. 将配平空气电门置于 OFF 位,循环风扇置于 OFF 位;

3. 将空调组件置于 OFF 位,隔离活门置于 AUTO 位;

4. 按需断电。

3. 用氮气吹洗热交换器

由于热交换器是利用外界空气进行冷却的,当环境温度升高,灰尘、杨絮等堵塞热交换器时,其工作效率会偏低,致使客舱温度偏高,甚至出现系统过热跳开等故障。

注意:

1. 拆除冲压/扩压组件时,要注意避免损坏,此处为复合材料结构(拆装不要用太大的力);
2. 做好个人防护,口罩要选择颗粒物防护口罩或防尘口罩;
3. 吹洗时要求紧贴热交换器,请勿使用钝器接触热交换器表面;
4. 使用干燥的、无油的压力在 20~30 psi 的压缩气体,手册要求的压力不超过 80 psi。

维修工作单

❶ 施工前准备

1. 空调面板左/右空调组件电门设置在 OFF 位并挂上禁止操作标牌;
2. 空调面板上的 ISOLATION VALVE 电门置于 CLOSE 位。

❷ 施工步骤

1. 接近左侧空调舱并打开盖板,拆下连接冲压空气进气口管路接近盖板与冲压空气进气口管路的螺栓和垫片;
2. 拆下连接通风口/扩散接近盖板与初级和次级热交换器通风口/扩散组件的螺栓和垫片;
3. 拆下前接近盖板上连接的跨接线上的螺栓、垫片和螺帽;
4. 拆下通风口/扩散接近盖板和密封圈;
5. 通过通风口/扩散器接近开口,插入清洁棒,并向初级和次级热交换器的散热片吹氮气或压缩空气;
6. 将氮气或压缩空气压力调节至 0 psi 并取出清洁棒;
7. 吹洗完成后,最好用抹布等清洁下冲压管路内部,否则吹除的杂物容易积攒在管道内。

❸ 恢复步骤

1. 使用螺栓和垫片安装通风口/扩散接近盖板和密封圈;
2. 安装跨接线并安装螺栓、垫片和螺帽;
3. 安装冲压空气接近盖板;
4. 关闭左空调舱盖板,取下警告牌。

---

4. 组件流量温度控制器(PFTC)测试

夏季是空调系统问题频发的季节,为保障航班,需要在区域温度控制器上进行快速判断,找出故障源。

维修工作单

❶ 测试前准备

1. 检查跳开关是否闭合；

2. 在空调面板上将左发(左侧发动机)、右发(右侧发动机)、APU引气电门置于 OFF 位；

3. 将三个区域(驾驶舱、前客舱、后客舱)温度选择器放置在 AUTO 位；

4. 将左/右空调组件电门放置在 AUTO 位；

5. 将配平空气电门置于 ON 位。

❷ 测试步骤

1. 在两部 PFTC 上按压 ON/OFF 电门，出现 EXISTING FAULTS 时按压 YES；

2. 查看当前故障代码(若有)；

3. 在一台控制器上按压下箭头，出现清除故障的选项后，按压 YES 进行确认就能清除代码；

4. 按压 MENU 然后选到 GROUND TEST，选择 YES，开始进入地面测试；

5. 按下箭头浏览并设置电门位置，前面的准备工作已设置好电门位置，连续按压↓跳过；

6. 出现提示时，选择 YES 进行测试；

7. 根据提示得到结果，测试完后将 PACK 电门放回 OFF；

8. 连续按压↓，选择地面测试，按压 YES 会开始地面测试，测试用时比较长；

9. 按压 YES 会跳去 EXISTING FAULTS 菜单，再按 YES 可查看测试出的故障代码。

如果测试正常，EXISTING FAULTS 里的代码会被清除，显示 NO FAULTS。

❸ 恢复步骤

恢复空调面板电门。

项目练习

1. 根据适航法规要求，飞机在最大设计巡航高度内，座舱高度不能大于(　　　)。

   A. 1 600 m　　　　B. 2 286 m　　　　C. 2 400 m　　　　D. 3 000 m

2. 现代民航客机一般是在座舱高度超过多少时发出座舱高度警告？(　　　)

   A. 2 286 m　　　　B. 2 400 m　　　　C. 3 000 m　　　　D. 4 300 m

3. 正常飞行时，调节座舱压力的执行机构是(　　　)。

   A. 外流活门　　　　B. 安全活门　　　　C. 组件活门　　　　D. 负释压活门

4. 现代喷气式客机增压空气的主要来源包括(　　　)。

   A. 发动机　　　　B. 辅助动力装置　　　　C. 地面气源　　　　D. 废气加温器

5. 如果座舱高度上升速率太大，控制机构必须使(　　　)。

   A. 排气活门关闭到最小　　　　　　　B. 排气活门开到最大

   C. 排气活门关得快些　　　　　　　　D. 排气活门关得慢些

6. 当飞机发出座舱高度警告时，表明(　　　)。

   A. 座舱压力太低　　　　　　　　　　B. 座舱压力太高

C. 飞机飞行高度太低　　　　　　　　D. 座舱压力波动太大

7. 如果后排气活门在关闭位失效,如何防止机身受到过压损坏?(　　)

A. 前排气活门起作用　　　　　　　　B. 安全释压活门起作用

C. 负释压活门起作用　　　　　　　　D. 压力均衡活门起作用

8. 用于控制空调系统冷热路空气混合比例的是(　　)。

A. 计量活门　　　B. 温控活门　　　　C. 制冷组件　　　　D. 加热组件

9. 用于防止座舱外部气压大于座舱内部气压的部件是(　　)。

A. 正释压活门　　　B. 安全活门　　　C. 负释压活门　　　D. 压力均衡活门

10. 保持货舱的压力与客舱的压力一致的装置是(　　)。

A. 压力均衡活门　B. 放气活门　　　　C. 内释压活门　　　D. 外释压活门

11. 冷空气离开制冷组件后(　　)。

A. 分配到客舱　　　　　　　　　　　B. 进入混合室

C. 首先进入头等舱　　　　　　　　　D. 首先冷却电子设备舱

12. 电子设备舱冷却后的热空气可用于(　　)。

A. 为前货舱加温　　　　　　　　　　B. 为厨房加温

C. 为厕所加温　　　　　　　　　　　D. 为客舱加温

13. 空调系统水分离器分离出的水(　　)。

A. 排到冲压空气管道入口　　　　　　B. 直接排出机外

C. 排入污水箱　　　　　　　　　　　D. 送到涡轮的进口

14. 座舱压力控制器一般使用下列哪些调节参数?(　　)

A. 引气压力、外界空气温度和座舱高度变化率

B. 压差、座舱高度、座舱高度变化率

C. 环境温度、座舱压力和座舱压力变化率

D. 座舱高度变化率、座舱高度和引气压力

15. 座舱高度过高会使人产生(　　)。

A. 压耳朵现象　　B. 胀耳朵现象　　　C. 高空缺氧症　　　D. 中耳气压症

16. 有两架客机,它们设计的最大巡航高度分别为 10 000 m 和 6 000 m,则它们在最大巡航高度上正常巡航飞行时,其座舱高度(　　)。

A. 均不得高于 2 400 m

B. 应保证最大余压值相等

C. 飞行高的飞机比飞行低的飞机座舱高度高

D. 均不得低于 2 400 m

17. 空气循环制冷系统中空气散热器所需的冷空气是从哪里获得的?(　　)

A. 涡轮发动机进气部分　　　　　　　B. 增压座舱排出的空气

C. 外界环境空气　　　　　　　　　　D. 发动机压气机引气

ATA28 燃油系统部件识别及常见维护

任务一 认识燃油系统部件

　　飞机燃油系统是为发动机和 APU 储存和提供燃油设置的，飞机完整的燃油系统包括两大部分：飞机燃油系统和发动机燃油系统。一般将由发动机直接驱动的燃油泵之前的燃油系统称为飞机燃油系统，可称之为低压燃油系统。飞机燃油系统包括燃油储存、加油、供油、抽油、指示等几个部分。由发动机直接驱动的燃油泵的燃油系统为发动机燃油系统，也可称之为高压燃油系统。见图 7.1.1。

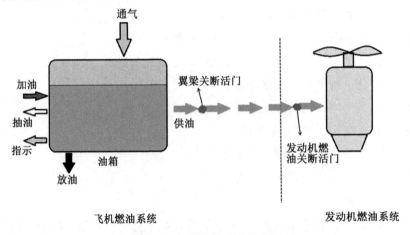

图 7.1.1　飞机燃油系统组成示意图

飞机燃油系统主要有以下功能：

① 存储燃油；

② 安全可靠地把燃油输送到发动机和 APU；

③ 调整飞机重心位置，保持飞机横向平衡和机翼结构受力；

④ 为发动机滑油、液压油提供冷却。

1. 燃油系统

燃油系统包括以下部分，如图 7.1.2 所示：

① 燃油储存 飞机存储燃油的地方由 2 个主油箱和 1 个中央油箱组成；
② 加油系统 给每个油箱加油；
③ 供油系统 从油箱中给发动机和 APU 供油；
④ 放油系统 包含任何一个油箱中的燃油放掉和油箱之间的燃油的传输；
⑤ 指示系统 指示每个油箱中燃油的重量和温度。

图 7.1.2 燃油系统

2. 航空燃油

航空燃油是指一些专门为飞行器而设的燃油品种，通常都含有不同的添加物以降低结冰和因高温引发爆炸的风险。航空燃油分为两大类：一类是航空汽油，用于活塞式发动机上；另一类是航空煤油，在航空燃气涡轮喷气式发动机上使用，目前航空发动机主要燃烧的是航空燃油（图 7.1.3）。

图 7.1.3 航空煤油

航空煤油密度适宜，具有较差的吸水性能，热值高，燃烧性能好，能迅速、稳定、连续、完全燃烧，且燃烧区域小，积碳量很少，不易结焦；冰点低，低温流动性好，能满足寒冷低温地区和高空飞行对油品流动性的要求；热安定性和抗氧化安定性好；洁净度高，对机械腐蚀小。

为了改善航空煤油性能，保证燃油的稳定性和安全性，在航空煤油中会增加一些添加剂，如四乙基铅（提高闪点、防爆）、抗氧化剂（用来防止起胶，通常为碱性酚）、防静电剂（以消减静电并防止发生火花）、腐蚀抑制剂（防止微生物繁殖）、结冰抑制剂（如石脑油，提高低温性能）。

3. 航空燃油安全

航空燃油需要有良好的燃烧性能，不能因工作条件变化而熄火。如果出现燃油在空气中泄露的情况，航空燃油蒸气和电火花、静电、明火或者是其他热源性物体接触时，可能会引起火灾或发生爆炸。燃油流速过快易产生静电或积聚静电荷，遇火源重新引起燃烧，引起次生性危害。燃油发生渗漏后，必须立刻对溢出或渗漏燃油进行处理。

燃油系统维护过程中不得出现火源，不得吸烟；在氧气瓶的加注、更换时，不能进行加油或者抽油工作。

进入油箱前,必须对油箱彻底通风,用专用气体测量设备检查油箱内的油气浓度;人员需穿纯棉油箱防护服、不带金属的软底鞋并佩戴全面式面罩(防静电火花,防吸入);只有在确保油箱对人体健康无伤害情况下,才能不戴全面式面罩进入油箱;在油箱内工作时,需使用防爆工具和防爆对讲机;为了确保进入油箱维护人员的安全,应向油箱输送新鲜空气,并设置专门安全观察员。见图7.1.4。

全面式面罩

软底鞋

气体测量设备

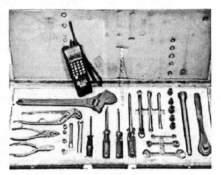

图7.1.4　进入油箱前准备

任务二　燃油的储存

民航飞机的燃油箱大多采用结构油箱,即油箱本身是飞机结构的一部分,是利用机身、机翼或尾翼的结构元件直接构成。结构油箱又被称为整体型油箱,是飞机结构的一部分,因此在接缝、结构紧固件和接近口盖等处应妥善密封。结构油箱的特点是可充分利用机体内的容积,增大储油量,并减少飞机的重量。

1. 燃油箱的布局

按燃油箱构造的不同可将油箱分为软油箱、硬油箱和结构油箱。软油箱由耐油橡胶、专用布等材料制成,主要用于老式飞机;硬油箱通常由铝锰合金制成,用于大型飞机的辅助油箱;结构油箱由机身、机翼或尾翼的结构件直接构成,分布在机翼和中央翼盒内,属于飞机结构的一部分(图7.2.1)。

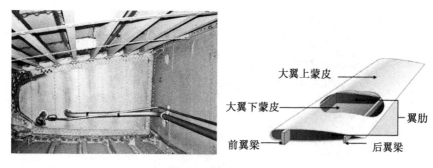

图7.2.1　结构油箱

现代民航飞机B737NG采用结构油箱的方式,分为1号(左机翼)主油箱、2号(右机翼)主油箱和中央油箱,各燃油箱之间相对独立(图7.2.2)。1号主油箱位于左侧机翼的翼盒结构中,2号主油箱位于右侧机翼的翼盒结构中,中央油箱位于左、右机翼翼根部位。1号、2号主油箱的容量是3 915 kg,中央油箱的容量是13 066 kg[①]。正常情况下,飞机优先使用中央油箱的燃油,有利于飞机姿态平衡。

图7.2.2　燃油存储布局示意图

2. 通气油箱

通气油箱位于1号、2号主油箱的外侧,用于收集溢出的燃油,正常情况下是空的(图7.2.2)。当主油箱的燃油量降到一定程度时,溢出的燃油从左翼通气油箱流回1号主油箱,从右翼通气油箱流回2号主油箱。通气油箱的燃油过多时,燃油可从通气机构流出。

为防止油箱出现真空情况,油箱必须通气。油箱通气结构可保证油箱压力接近大气压力,防止压差过大对油箱结构产生损伤。通气油箱一侧通过通风口与外界大气相通,另一侧通过通气管路进入主油箱和中央油箱,通过通气管路平衡每个油箱和通气油箱的压力。

---

　① 飞机油箱的容量通常以 kg 或吨为单位。

通气管连接到通气通道上,每个通气管有一个通气浮子活门。当主油箱油面低时,通气浮子活门打开,允许大气进入油箱;当主油箱油面高时,通气浮子活门关闭,以防止油箱内燃油溢出。油箱通气系统如图7.2.3所示。

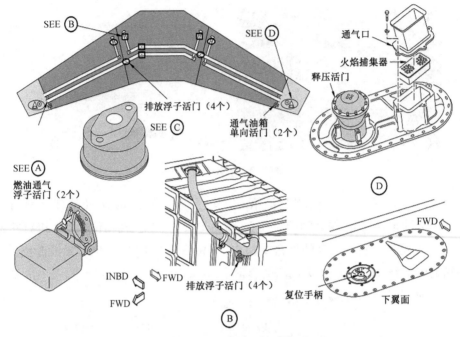

图7.2.3 油箱通气系统

通气油箱的余油单向活门位于每个主油箱外侧的隔板,余油单向活门使得通气油箱内的燃油流回1号或2号主油箱,同时也阻止主油箱的燃油流回通气油箱。

释压活门与通气口位于每个通气油箱接近门,释压活门位于飞机翼尖下表平处,可防止油箱内存在太大的正或负的压差而损坏机翼结构(图7.2.4)。当其处于关闭位时,它与机翼平齐;当油箱内有太大正或负的压差时,释压活门打开,使通气油箱提供附加的通气口,可通过拉复位手柄关闭释压活门。通常情况下,释压活门是关闭的。如果释压活门作动,则表明油箱通气系统有故障。

图7.2.4 油箱释压活门与通气口

3. 油箱接近口盖

机翼油箱下表面有一系列接近口盖,为每个油箱提供检查通道,可以让维护人员进入各个油箱和通气油箱,便于对油箱的检查和维护(图7.2.5)。翼肋和展向梁上的较大开口使得维修时可接近油箱的各个角落。

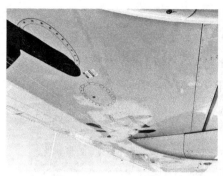

图 7.2.5 油箱接近口盖与检查

4. 沉淀放泄活门

沉淀放泄活门位于每个油箱下表面的最低处,以便排出每个油箱中的燃油、水和杂质。

1 号、2 号主油箱和通气油箱的沉淀放泄活门安装在翼面下表面,中央油箱的沉淀放泄活门安装在下机身低处表面,工作人员可通过下机身的接近口盖接近(图 7.2.6)。

对于 1 号、2 号主油箱和通气油箱,可直接向上推活门中央,就可以打开沉淀放泄活门排放燃油(图 7.2.7);对于中央油箱放燃油沉淀,先打开接近门,向下拉拉杆即可。

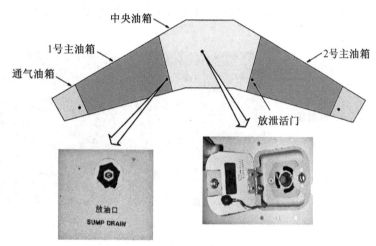

图 7.2.6 沉淀放泄活门

图 7.2.7 油箱燃油排放

5. NGS 系统

氮气发生系统(NGS,Nitrogen Generation System)部件位于左空调舱内,用于保障飞机燃油系统的安全性,通过降低燃油箱内气体中氧气的浓度,降低燃油箱的可燃性(图 7.2.8)。

NGS 系统利用引气系统(左右发)将引气供应到左气源总管,经过臭氧转换器将空气中的臭氧转化成氧气,避免引气中的臭氧降低空气分离组件(ASM,Air Separation Module)的

图 7.2.8 NGS 系统部件图

机械性能,经过热交换器降低引气的温度,引气经过过滤器后进入空气分离组件生成富氧空气和富氮空气。富氧空气通过左空调的冲压排气管排放到外界环境,富氮空气供应到飞机中央油箱,起到阻燃、防爆、增压的作用。NGS 系统的工作原理如图 7.2.9 所示。

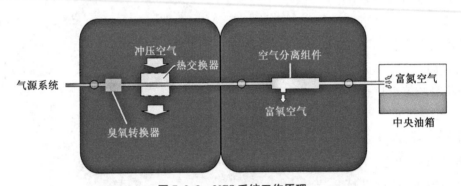

图 7.2.9 NGS 系统工作原理

NGS 系统工作是完全自动的,不需要机组的任何操作。NGS 在地面时是不工作的,在空中才工作。NGS 部件位于飞机左侧空调舱中,位于右主轮舱后壁板的 NGS 功能指示器可以显示 NGS 的系统状态。绿灯亮表示系统正常工作,没有维护要求;蓝灯亮表示系统还工作,但性能下降,没有维护要求,但是在放行飞机之前必须记录故障(图 7.2.10);琥珀色灯亮表示系统不工作,必须人工关断和锁住 NGS 关断活门,在放行飞机前记录故障;假如所有灯都不亮,说明指示器不工作,需要使用自检显示组件(BDU,Bite Display Unit),寻找引起故障的原因。

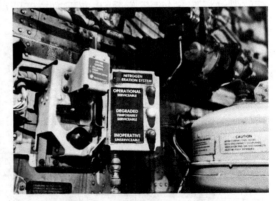

图 7.2.10 NGS 功能显示器(蓝灯亮)

任务三　加油系统

现代民航飞机的加油方式有两种：重力加油和压力加油。重力加油通常用于小型飞机，加油口盖位于主油箱顶部，直接将燃油加入油箱中；压力加油是在燃油车油泵的压力驱动下进行的，燃油通过软管连接加油站后进入相应的油箱内。由于加油速度快、抗污染性好、安全可靠等优点，现代民航飞机通常使用压力加油，将重力加油作为正常加油的辅助方式。

1. 重力加油

B737飞机机翼上表面有重力加油口，加油口附近有接地插孔。加油时，打开重力加油口盖，插好接地线后，可以通过重力直接往主油箱加油，但加不满，中央油箱可通过燃油转换得到燃油。

重力加油结构简单、附件少，但加油操作速度慢，容易导致燃油滴落机翼表面，而且在加油时难免会冒出燃油和油蒸气，容易引发火灾和爆炸，因此，重力加油只作为辅助加油系统。

2. 压力加油

燃油加油车上的加油软管连接到飞机机翼上的加油站，燃油在燃油车油泵的增压作用下，将燃油输送到所有飞机油箱，每个油箱有一个加油浮子电门感受各油箱的满油状态。同时也可以利用压力加油系统进行燃油箱之间的燃油交输。

油箱加油站位于右侧机翼前缘处，包括加油面板、加油总管、加油接头、加油关断活门（3个）（图7.3.1）。加油接头用于连接加油软管，把燃油从加油接头传输到各个加油活门，加油活门控制各个油箱的燃油，有一人工超控手柄可以人工超控活门加油。

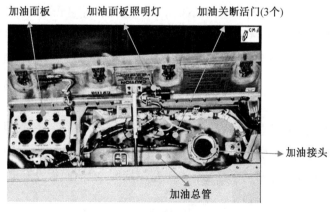

图7.3.1　加油站

加油站可以自动和人工控制加油关断活门。每个油箱加油关断活门为电控液动活门,当以下条件均满足时,加油活门才打开:

① 有电到加油面板;

② 加油活门控制电门处于开位(OPEN 位);

③ 加油浮子电门处于未满位,加油活门电磁线圈激励;

④ 在加油活门处有压力燃油。

当打开加油站的盖板时,加油面板开始通电,若相应油箱未满,打开加油关断活门放置在 OPEN 位,加油活门通电,蓝色活门指示灯点亮。如有地面燃油车压力供给燃油,活门在油压作用下打开并开始向油箱加注燃油。当油箱加满时,浮子关断电门移动至 FULL 位,断开相应油箱加油活门电源,使加油活门关断,同时活门蓝色指示灯熄灭,燃油将无法注入油箱。当加油电门关闭时,活门将立即关断并停止加油。

油量指示表显示注入油箱内的燃油量,每个油箱有一个油量指示表,当油量加至油箱最大容量(3 915 kg)时①,油量指示表显示数字闪烁,提醒加油人员关断相应加油电门以停止加油,而驾驶舱燃油量指示不会闪亮(图 7.3.2)。有些飞机加油面板构型加装了加油预选旋钮开关,当加油量达到预选设定油量时,指示表内部电路断开加油活门电源,使其停止向油箱加油。

图 7.3.2　加油面板(P15)

当加油指示测试电门处于测试位(TEST GAUGES)时,油量指示器做测试。在测试过程中,油量显示不会改变,三个油量表全部显示为"88888",释放电门后显示当前油箱的燃油量。

如果加油面板门打开但没电,可以将加油指示测试电门打到旁通电门位(FUEL DOOR SWITCH BYPASS),就可以给加油站供电。在加油操作中,此电门必须一直用手保持在旁通位。

如果测试电门打到旁通电门位置,还是不能通电,这个时候就需要超控加油,可以通过每个油箱的加油活门泵体上的人工超控柱塞按钮,使加油活门人工超控打开,此时需要一直保持按压直到加至所需燃油量。注意:人工超控期间,加油面板没有电源,不能查看燃油

---

① 飞机油箱的容量通常以 kg 或吨为单位。

量,需在驾驶舱 DU 上查看,加油时需密切紧盯油箱燃油量,以免油箱燃油超量,并造成通气油箱燃油泄漏。见图 7.3.3。

图 7.3.3　人工超控柱塞按钮与通气油箱燃油泄漏

3. 抽油系统

飞机在地面上时,为了维护油箱或油箱内部的附件,需要将燃油箱里剩余燃油排放到地面油车或者将燃油传输到另一个油箱中。抽油活门在机翼右前梁,靠近加油站,连接在右发燃油输送总管和加油总管之间,需要人工操作,当手柄在开位时无法关闭抽油活门接近门(图 7.3.4)。

图 7.3.4　抽油活门

有两种方式可从油箱中抽油,分别为压力抽油和抽吸抽油;只有 1 号、2 号主油箱可以抽吸抽油,而任何油箱间均可串油。

（1）压力抽油

压力抽油是利用油箱燃油增压泵增压出油。抽油时,在加油接头上连接一根油管,打开抽油活门,将对应抽油油箱的燃油增压泵放置在 ON 位,按需打开交输活门,则此油箱的燃油就被抽到机外。如果油箱里的燃油抽油结束,关掉相应油箱的增压泵,将抽油活门手柄移到 CLOSED 位(关闭位),脱开加油管。

（2）抽吸抽油

抽吸抽油是利用地面设备进行抽油,不用燃油增压泵增压抽油。抽油时,在加油接头上连接一根油管,打开抽油活门,按需打开交输活门,用地面设备抽吸燃油。油箱吸油结束后,将抽油活门手柄关闭,脱开加油管。

（3）串油

油箱之间的油液传输,称之为串油,如将左油箱里一部分燃油输送到右油箱,必须将抽油活门打开,启动左机翼燃油增压泵并打开交输活门,打开右机翼的加油活门,即可实现左主油箱向右主油箱串油(图 7.3.5)。燃油串油完毕后,应关断燃油增压泵,关闭交输活门,将加油活门放置在关位,转动抽油活门手柄到关位。

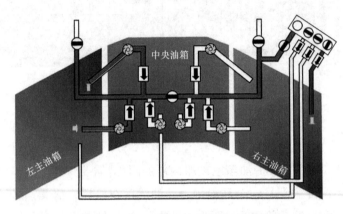

图 7.3.5　左油箱向右油箱传油示意图

任务四　供油系统

供油系统采用燃油增压泵作为供油动力来源,将燃油增压后输送到供油总管,燃油输送到发动机和辅助动力装置(APU,Auxiliary Power Unit)。为保证供油的稳定性,每个油箱安装两台交流燃油增压泵。

1. 燃油增压泵

整个燃油系统有 6 个燃油增压泵,位于中央油箱,分别为中央油箱的左、右燃油增压泵,1 号、2 号主油箱的前、后燃油增压泵。燃油增压泵采用电动离心泵的方式,通过离心力的作用,将燃油从油箱抽出并增压,输向发动机和 APU 提供一定压力和流量的燃油。每个燃油增压泵组件包括马达和壳体,马达由三相、115 V 交流电驱动。

中央油箱的燃油增压泵产生的压力大于主油箱,在确保所有燃油增压泵工作时,优先使用中央油箱燃油,然后再使用两主油箱燃油,降低对飞机重心变化的影响。

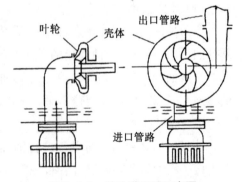

图 7.4.1　燃油增压泵示意图

燃油系统面板(P5-2)上的电门控制主油箱和中央油箱的每个燃油增压泵。电门控制燃油增压泵的电源。低压电门给低压灯提供燃油增压泵低压信号。

2. 引射泵

引射泵利用燃油增压泵出口压力作为引射源,在引射泵入口处形成低压区,靠其产生的吸力不断将水分、燃油从每个油箱的底部引至燃油增压泵的进口,继而进入发动机燃烧,防止油箱腐蚀和增加燃油利用率(图7.4.2)。

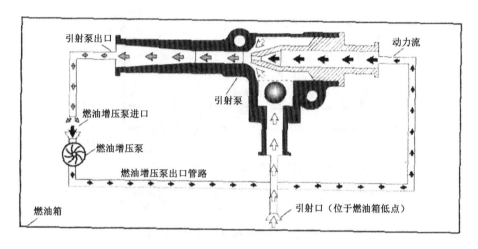

图7.4.2　水引射泵工作原理

飞机燃油系统中引射泵分为两种类型:水引射泵和回油引射泵。水引射泵将油箱底部水分抽出以达到防腐目的,引射泵的入口安装在油箱的最底部,将积水抽到燃油增压泵入口,只要相应燃油泵工作,水引射泵就工作,防止燃油箱有过多水存留。1号、2号主油箱各有一个引射泵,中央油箱有两个引射泵。

引射泵另一个作用就是抽取中央油箱低处的燃油,并将其送入主油箱,增加可使用燃油的油量(图7.4.3)。当中央油箱油量过少时,关闭中央油箱燃油增压泵,左前燃油增压泵

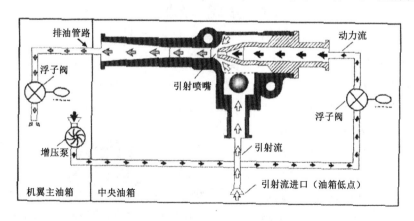

图7.4.3　回油引射泵工作原理图

向引射泵提供引射燃油,引射泵就引射中央油箱的燃油到 1 号主油箱,增加燃油的可用量,提高利用率。这一功能由引射泵出口位置的燃油回收关断活门控制,只有主油箱的燃油量小于 1 990 kg 时,浮子阀关断活门才会打开。

3. 交输供油系统

在飞行中,左、右两侧主油箱出现燃油消耗量不均时,会导致飞机两侧的不平衡现象,引发飞机的横向平衡问题。交输供油系统可以调节机翼两侧燃油量不平衡的问题(图 7.4.4)。

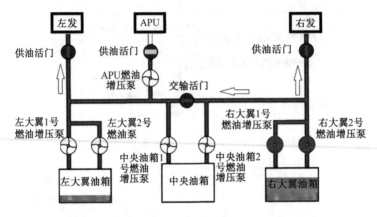

图 7.4.4　交输供油系统(右机翼油箱油量多)

正常情况下,交输活门位于关闭位,使两侧供油管路独立供油。飞行过程,当飞机主油箱出现不平衡现象时,应先将交输活门置于 OPEN 位(开位),关闭油量较少的主油箱的燃油增压泵,此时,系统均由油量较多的油箱燃油增压泵供油;观察油箱油量变化,当两翼主油箱油量恢复平衡时,将刚才关闭的燃油增压泵置于 ON 位、交输活门置于 CLOSED 位(关位)。

4. 发动机供油系统主要部件

发动机供油系统的部件有中央油箱的燃油增压泵(2 个)、主油箱的燃油增压泵(4 个)、旁通活门、交输活门、发动机翼梁活门等(图 7.4.5)。

① 燃油增压泵　燃油系统面板(P5-2)上的电门控制每个燃油增压泵;中央油箱增压泵位于后翼梁上,通过轮舱可以接近中央油箱的燃油增压泵。主油箱前燃油增压泵位于前翼梁上,后燃油增压泵位于后翼梁上。打开克鲁格襟翼可以接近前燃

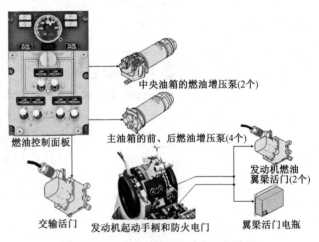

图 7.4.5　发动机供油系统主要部件图

油增压泵,通过轮舱可以接近后燃油增压泵。

② 旁通活门　旁通活门给发动机主油箱提供第二条供油线路,旁通活门自动工作;在 1 号和 2 号主油箱中各有一个旁通活门,中央油箱没有旁通活门。

③ 交输活门　让任一油箱给两台发动机供油,由 28 V 直流马达驱动;在中央油箱的右侧,位于后翼梁上,可通过右轮舱接近交输活门。

④ 发动机燃油翼梁活门　活门控制到发动机的燃油,发动机起动手柄和防火电门控制发动机燃油翼梁活门;活门位于前翼梁上。

⑤ 翼梁活门电瓶　保证燃油系统始终有电,用来关闭发动机燃油梁活门和 APU 燃油关断活门,燃油关断活门电瓶在 P6 面板上。

5. 发动机供油系统

发动机供油系统从 1 号、2 号主油箱和中央油箱给发动机供油,可以用 P5 板燃油控制面板和发动机起动手柄(位于 P10 板中央操作台)操纵发动机供油系统(图 7.4.6)。连接到发动机的燃油管路上有两个活门,分别是翼梁燃油关断活门和发动机燃油关断活门,均由电动控制操作。翼梁燃油关断活门位于机翼处,由发动机起动手柄控制;发动机燃油关断活门安装在发动机内部,由 EEC(Electronic Engine Control,电子发动机控制)控制。当发动机火警手柄提起或者发动机起动手柄切断,两个活门均关闭。

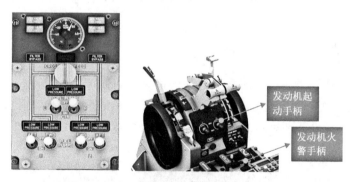

图 7.4.6　燃油控制面板和发动机起动手柄

在飞行开始阶段,通常所有燃油增压泵电门位于 ON 位,中央油箱给发动机供油。当中央油箱空后,将中央油箱的燃油增压泵关闭。若交输活门关闭时,1 号主油箱前后泵向左发供油;2 号主油箱前后泵向右发供油。

每个主燃油箱有一个旁通活门,可由发动机驱动机械燃油泵进行抽吸供油,中央油箱无旁通活门。当 1 号或者 2 号主油箱所有燃油增压泵失效且交输活门关闭时,对应的主油箱中的旁通活门打开,使得燃油供应到发动机,保证燃油供应的可靠性。

发动机供油系统如图 7.4.7 所示。

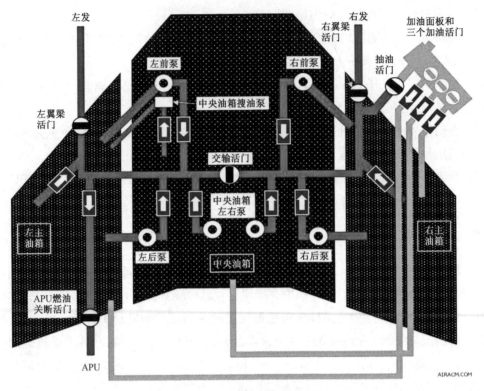

图 7.4.7　发动机供油系统图

6. APU 供油系统及主要部件

正常情况下，APU 可通过供油系统从任一油箱获得燃油。当 APU 燃油泵工作时，燃油从左侧燃油供油总管向 APU 提供燃油。如果 APU 燃油泵不工作，则可以从 1 号主油箱抽吸供油。注意：起动发动机前，打开中央油箱左增压泵给 APU 供油（图 7.4.8）。

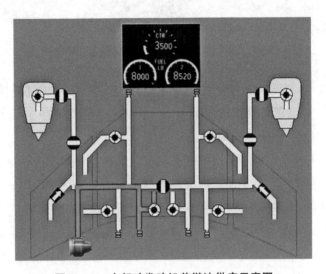

图 7.4.8　未起动发动机前燃油供应示意图

电子控制组件(ECU,Electronic Control Unit)从 APU 主电门、防火系统和 APU 传感器得到信号,从而控制 APU 燃油关断活门,控制燃油箱向 APU 供油。

APU 供油系统主要部件有 APU 燃油增压泵(可选型)、APU 燃油关断活门、APU 供油管路、APU 供油管路套管(图 7.4.9)。

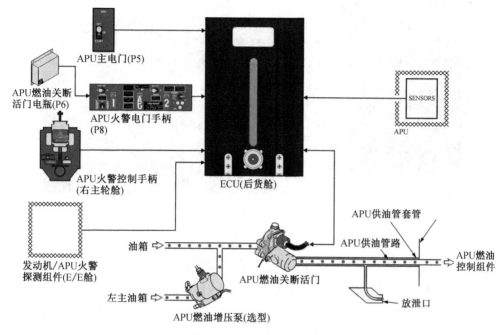

图 7.4.9　APU 供油系统

① APU 燃油增压泵　28 V 直流驱动,当主油箱、中央油箱燃油增压泵不工作时,供应燃油,位于左机翼后翼梁。

② APU 燃油关断活门　让燃油从左发动机供油总管流至 APU,位于后翼梁。

③ APU 供油管路　从 1 号主油箱开始,经过中央油箱,而后到达 APU。

④ APU 供油管路套管　包围在 APU 供油管路外,管套将 APU 燃油供油管路渗漏的燃油收集起来,从套管上的放泄管路排放到机外,放泄口位于左机翼底部,排放口也可以排放来自液压系统油箱的液压油。

任务五　燃油指示系统

1. 燃油量指示系统

燃油量指示系统(FQIS, Fuel Quantity Indicator System)指示燃油箱中的燃油重量,

可以在通用显示系统(CDS, Common Display System)和加油面板(P15)显示燃油量,以 kg 为单位(图 7.5.1)。每个加油指示表都有过量指示,当燃油加至最大容量时,燃油量指示以 1 s 的频率闪烁。

图 7.5.1　通用显示系统和加油面板(P15)

当 1 号或 2 号主油箱的燃油少于 907 kg 时,琥珀色低油量信息(LOW)在 CDU 显示,当油箱油量超过 1 134 kg 时信息解除,在显示低信息前,低油量状态至少存在 30 s(图 7.5.2)。

当 1 号、2 号主油箱之间燃油量差异超过 454 kg 时,显示油量不平衡信息(IMBAL)(图 7.5.3);当差异小于 91 kg 时,信息消除,当低油量信息显示的时候,油量不平衡信息不显示。油量不平衡的情况出现 60 s 后,出现 IMBAL 信息。

FUEL QTY – KGS X 1000
0.40 0.05 0.51
LOW
TOTAL 1.0

图 7.5.2　低油量信息

FUEL QTY – KGS X 1000
2.00 0.05 2.75
IMBAL
TOTAL 4.8

图 7.5.3　油量不平衡信息

当中央油箱油量超过 726 kg 且 2 个中央油箱增压泵都关断,且任一发动机运转时,构型信息(CONFING)显示,说明燃油系统的构型存在问题(图 7.5.4)。满足以下一个或多个条件时信息才消失:

FUEL QTY – KGS X 1000
3.69 5.58 3.64
CONFIG
TOTAL 12.9

图 7.5.4　构型信息显示

① 中央油箱燃油≤360 kg;

② 至少 1 个中央油箱的燃油增压泵产生高压;

③ 两台发动机都不运转。

当燃油量指示系统出现故障时,可以使用控制显示组件(CDU)对燃油指示系统进行故障诊断,CDU 实时显示和记录系统的故障数据。当飞机在地面上时,能用 CDU 查看 FQIS BITE 的测试页,查看故障。FQIS 自检测试页面有当前状况、飞行故障、地面测试、识别/构型、输入监控、消除故障历史(图7.5.5)。

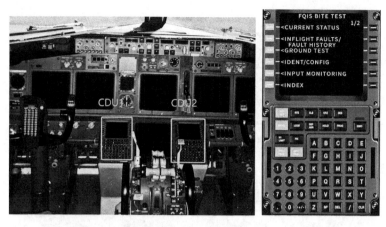

图7.5.5 FQIS自检测试页

2. 燃油油尺

燃油油尺用于人工测量燃油量,其内部有刻度可以显示燃油高度(图7.5.6)。油尺位于下翼面油箱接近盖板上,用一字逆时针旋转90°,将油尺取出。

在主轮舱有两个倾斜仪,一个用于俯仰,一个用于滚转(图7.5.7)。在右轮舱还有一个铅锤和一个水平刻度尺,可以用来测定飞机的俯仰和滚转。

通过转换表,可将油尺油量高度、飞机俯仰角度、飞机滚转角度转换成燃油量。

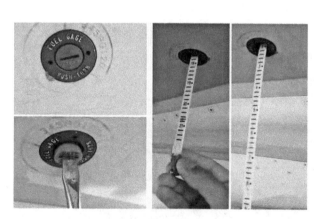

图7.5.6 燃油油尺

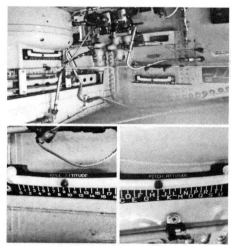

图7.5.7 倾斜仪

3. 燃油温度指示系统

燃油温度指示系统指示1号主油箱中的燃油温度,在燃油控制系统面板(P5-2)上可以查看燃油温度（图 7.5.8）。温度指示系统使用 28 V 交流电源，当没电时，指针指在负的一侧。

图 7.5.8　燃油温度指示系统

燃油感温元件是一个电阻组件，燃油温度元件的电阻随燃油温度变化，安装在 1 号主油箱后梁上。

任务六　燃油系统面板识别

飞机燃油系统面板包括燃油控制面板、加油面板和 NGS 功能指示面板（图 7.6.1）。

① 燃油控制面板　控制、指示飞机燃油系统；

② 加油面板　提供各油箱油量指示和加油；

③ NGS 功能指示面板　指示 NGS 系统工作状态。

图 7.6.1　燃油系统面板

1. 燃油控制面板

燃油控制面板如图7.6.2所示。

（1）发动机燃油关断活门关闭灯

熄灭，表示发动机关断活门打开；暗亮，表示发动机关断活门关闭；明亮，表示活门与指令位置不一致，位置在转换中或者活门可能卡阻；航后暗亮。

（2）翼梁燃油关断活门关闭灯

熄灭，表示翼梁关断活门打开；暗亮，表示翼梁关断活门关闭；明亮，表示活门与指令位置不一致，位置在转换中或者活门可能卡阻；航后暗亮。

（3）燃油温度表

指示1号主油箱燃油温度，测量温度范围为−43℃～49℃。

（4）油滤旁通灯

灯亮，表示燃油滤堵死，燃油污染，燃油旁通；航后灯灭。

（5）交输活门OPEN灯及交输活门旋钮

指示和控制交输活门开关，旋钮由28V直流驱动，熄灭，表示交输活门关闭；

图7.6.2　燃油控制面板

暗亮，表示交输活门打开；明亮，表示活门与指令位置不一致，位置在转换中或者活门可能卡阻；航后交输活门在关闭位，交输活门打开，指示灯灭。

（6）中央油箱燃油增压泵低压力灯

琥珀色灯亮，表示燃油增压泵输出压力低且燃油泵电门在ON位；灯灭，表示燃油增压泵输出压力正常或者燃油增压泵电门放在OFF位；航后两燃油增压泵低压力灯灭。

（7）中央油箱燃油增压泵电门

航后两燃油增压泵电门在OFF位。

（8）主油箱燃油增压泵低压力灯

琥珀色灯亮，表示燃油增压泵输出压力低或燃油增压泵电门放置在OFF位；灯灭表示燃油增压泵输出压力正常；航后四燃油增压泵低压力灯亮。

（9）主油箱燃油增压泵电门

航后四燃油增压泵电门在OFF位。

2. 加油面板(P15)

加油面板如图 7.6.3 所示。

(1) 加油活门打开灯

蓝色灯亮表示加油活门线圈有电。

(2) 加油活门控制电门

控制电门在 OPEN 位且有电时,加油总管中的燃油有压力,则加油活门打开供油;控制电门在关闭位时,加油活门关闭。

(3) 加油指示测试电门

电门有三个位置,弹簧力使之位于中立

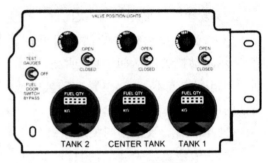

图 7.6.3　加油面板

关断位。电门处于测试位时,油量指示器做测试;电门处于旁通位时,加油系统通电。

(4) 油量指示器

燃油指示器以数字方式显示油量,以 kg 表示。如果油量超过油箱的容积,则油量指示器会以 1 s 的间隔闪亮。

3. NGS 功能指示面板

NGS 功能指示面板如图 7.6.4 所示。

(1) Green 灯(绿色)

灯亮表示 NGS 系统工作正常;航后绿灯亮。

(2) Blue 灯(蓝色)

灯亮表示系统有小型故障,可放行,但系统性能有所降级。

(3) Amber 灯(琥珀色)

灯亮表示系统有较大的故障,需要按手册要求进一步检查系统。

所有灯均不亮,表示 NGS 功能指示面板不可用,需要通过 BDU 排故。

图 7.6.4　NGS 功能指示面板

任务七　常见燃油系统维护工作介绍

维护飞机燃油系统安全的注意事项如下:

① 遵守手册规定进行;

② 进入油箱区域工作,必须使用防爆设备,配备灭火设备,张贴"禁止吸烟、烟火、打电话",禁止在飞机内或飞机周围吸烟;

③ 距离飞机 15 m 范围内,不允许进行任何明火作业;

④ 给燃油箱加油、放油、串油期间,禁止操作高频、甚高频通信设备、机上雷达,须有专人照看,否则可能造成火灾或人员受伤;

⑤ 须有效连接飞机接地线,以免引起静电积累。

1. 航前放燃油沉淀

放燃油沉淀的目的包括:

① 航空燃油具有吸水的特性,过分的水分和杂质会增加燃油的静电起电量和微生物的繁殖,这对结构油箱是很不利的;

② 如果气温低于 0 ℃,游离态水还会结冰堵塞油路,影响发动机工作,后果严重。

注意:

1. 放油区要有防火设备且通风良好,否则有燃油着火风险;

2. 放油时候力度不能太大,防止损坏放泄活门;

3. 放油杆要垂直顶入放油口,顶入过程中要避免损伤飞机蒙皮;

4. 放油过程中禁止晃动、摇摆放油杆,避免损坏放油口;

5. 应现场测试燃油,防止泄漏。

维修工作单

❶ 操作前准备

在工具间借用放油杆、量杯、油桶、燃油水分显示器、毛巾等。

❷ 施工步骤

1. 使用放油杆打开燃油沉淀槽放泄活门,放出 1~2 L 燃油后,再用清洁的量杯从油箱中的燃油取样。

2. 旋转摇晃,目视检查量杯中燃油有无水分、杂质;清洁的燃油是透明光亮的,无杂质和水分;燃油中有水分经常表现在油下有一层沉淀或在燃油中有许多小水泡;有颜色表示有微生物增殖。

3. 若检查结果不符合要求,则应按第1—2步的规定继续放油检查,直至燃油的品质符合要求为止。

4. 撤下放油工具,用毛巾擦去渗漏燃油,确保放油口正常、无燃油渗漏。

❸ 施工结束步骤

清点工具,打扫现场,盖紧并妥善放置燃油油桶。

2. 飞机串油操作(1 号主油箱向 2 号串油)

注意：

1. 飞机周围要有防火设备且通风良好,否则有燃油着火的风险;

2. 飞机要有效接地;

3. 必须限制前缘克鲁格襟翼移动,襟翼移动会对人员和设备造成伤害。

维修工作单

❶ 操作前准备

1. 飞机有效供电(外接地面电源或 APU 供电);

2. 打开加油站接近盖板,确认其有电。

❷ 施工步骤

1. 在加油面板上进行加油油量指示测试,按住燃油指示测试开关在 TEST 位不放,确保所有显示器前 2 s 内显示空白,然后接下来的 2 s 显示 88888,放开测试开关,确保所有油量指示回到正常的指示位置;

2. 依次按压抽油活门的打开灯,蓝灯亮表示抽油活门的打开灯工作正常;

3. 依次将抽油活门电门设置在 OPEN 位,确保每个抽油活门的打开灯为蓝灯亮;

4. 在燃油控制面板上,将交输活门置于 OPEN 位,确认交输活门的打开灯为暗亮;

5. 将 1 号主油箱的燃油增压泵电门设置在 ON 位,确认 1 号主油箱的低压力灯灭;

6. 人工打开抽油活门;

7. 在加油面板上,将 2 号主油箱的加油活门置于 OPEN 位,此时的加油活门的打开灯为蓝灯亮;

8. 监控 1 号主油箱的油量,到目标值或"低压力"灯亮起,关闭相应的燃油增压泵。

❸ 施工结束步骤

1. 关闭抽油活门,将加油站盖板关闭,并检查锁定牢靠;

2. 断开飞机的搭地线,清点工具,打扫现场。

---

3. FQIS 自检测试

燃油量指示系统(FQIS,Fuel Quantity Indicator System)计算每个燃油箱内的燃油重量,能用 CDU 查看 FQIS BITE 的测试页面,查看故障。

注意：当飞机在地面时,只可使用 CDU 查看 FQIS BITE 测试页面。在飞机加油时不得进行地面测试。

维修工作单

❶ 操作前准备

1. 飞机有效供电（外接地面电源或 APU 供电）。

❷ 测试步骤

1. 按压 CDU 上 INTREF 功能键一次或两次，再按压 INDEX 对应的 L6 行选键，进入起始基准索引页面；

2. 按压 MAINT 对应的 R6 行选键，进入维护自检页面；

3. 按压 FQIS 选项对应的 R3 行选键，进入 FQIS BITE 主菜单页面；

4. 按压 INFLIGHT FAULTS/ FAULT HISTORY 选项对应的 L2 行选键，进入历史故障页面；

5. 按压 GROUND TESTS 对应的 L3 行选键，进入地面测试页面；选择 YES 行选键；

6. 地面测试通过会出现"PASS"，表示自检无故障；按压 INDEX，直到出现 FQIS 自检页面；

7. 按压 CURRENT STATUS 行选键，进入当前故障页面；

8. 测试完成，依次按压 INDEX，直到页面显示主菜单页面。

4. NGS 蓝灯亮 BDU 复位测试

维修工作单

❶ 操作前准备

1. 飞机 APU 有效供电，发动机关车；

2. 打开 BDU 测试盖板。

❷ 测试步骤

1. 打开 BDU，进入 EXISTING FAULTS，读取当前故障，记录故障信息、故障代码。

2. 进入 GROUND TESTS 地面测试页面，按压↓，进入 ELECTRICAL TEST。

3. 按压 YES，做电测试 ELECTRICAL TEST，BDU 显示屏会显示"TEST IN PROGRESS XXX% COMPLETE"，如果测试失败，记录测试结果。

4. 做系统测试 SYSTEM TEST 前，将以下空调面板上电门设置为：

APU 引气电门在 ON 位；左空调组件电门在 HIGH 位，右组件在 OFF 位；左右发动机引气电门在 OFF 位；客舱温度调节旋钮在 AUTO 位；隔离活门在 OPEN 位；左右再循环风扇电门在 AUTO 位。

5. 进入 GROUND TESTS 地面测试页面，按压↓，进入 SYSTEM TEST 页面。

6. 按压 YES，开始电测试，随后 BDU 显示屏会显示"TEST IN PROGRESS XXX% COMPLETE"，测试会持续 2～3 min；若测试通过，显示"SYSTEM TEST PASS"。

项目练习

1. 在飞行中双发正常工作的情况下,若发生左右主油箱油量不均衡,应(　　　)。

    A. 先关闭交输活门,再打开油量较少油箱的燃油增压泵

    B. 先打开交输活门,再关闭油量较少油箱的燃油增压泵

    C. 先关闭油量较少油箱的燃油增压泵,再打开交输活门

    D. 先关闭交输活门,再打开油量较多油箱的增压泵

2. 燃油系统的各附件必须搭铁并接地,其目的是(　　　)。

    A. 防止漏电　　　　B. 放掉静电　　　　C. 固定各附件　　　　D. 区别各附件

3. 给飞机加燃油时必须遵守的一个原则是(　　　)。

    A. 所有电门必须放在"关断"位　　　　B. 在整个过程中,防止火灾发生

    C. 断开飞机外部电源　　　　D. 所有工作人员必须从机上撤离

4. 当水进入油量传感器时,对油量指示系统有何影响?(　　　)

    A. 无任何不良影响

    B. 油量信息指示消失

    C. 指示油量出现波动

    D. 指示油量与油箱实际油量出现较大偏差

5. 现代民用运输机主油箱的型式为(　　　)。

    A. 软式油箱　　　　B. 硬式油箱　　　　C. 半硬式油箱　　　　D. 结构油箱

6. 为了持续消除燃油箱的积水,现代飞机采用的主要措施是(　　　)。

    A. 在油箱不同区域,安装多组供油泵　　　　B. 采用大功率供油泵

    C. 在相关区域安装引射泵　　　　D. 在油箱底部安装放油活门

7. 燃油系统中的交输系统的功能是(　　　)。

    A. 放掉各油箱中的剩余燃油

    B. 允许从任何一个油箱向任一台发动机供油

    C. 允许几个油箱同时向一台发动机供油

    D. 能使任一油箱的油自动地加到所需的油量

8. 在大中型飞机上从燃油箱向发动机供油都要有一定的顺序,一般是(　　　)。

    A. 先使用两侧机翼油箱的油　　　　B. 先使用中央油箱的燃油

    C. 先使用两侧外翼油箱的油　　　　D. 先使用两侧内翼油箱的油

9. 关于结构油箱的特点,叙述正确的是(　　　)。

    A. 结构油箱密封性优于其他类型油箱

    B. 结构油箱易于拆卸,便于维护

    C. 结构油箱可提高飞机结构空间利用率,增大储油量

D. 结构油箱适用于所有飞机

10. 当油箱油泵的低压灯亮起,显示的可能情况是( )。

　　A. 显示油箱内的油用完

　　B. 显示发动机增压泵油泵失效

　　C. 显示发动机上的油管破裂

　　D. 显示油箱内的油快用完或者油箱内油泵失效

11. 如何排除飞机油箱底部积存的水和沉淀物( )。

　　A. 通过添加乳化剂,使水和沉淀悬浮,利于油泵抽吸,送入发动机燃烧

　　B. 将飞机油箱抽干并彻底清洁

　　C. 通过搅拌泵使水和沉淀均匀分布在燃油中,利于主油泵抽吸,送入发动机燃烧

　　D. 通过油箱底部的排水阀,将水和沉淀放出

12. 通气油箱位置为( )。

　　A. 翼身整流罩通风孔处　　　　　　B. 主油箱外侧,翼尖区域

　　C. 主油箱内侧,机翼根部　　　　　　D. 中央油箱外侧,翼尖区域

13. 配平油箱安装的位置一般是( )。

　　A. 飞机水平安定面内　　　　　　　B. 飞机垂直安定面内

　　C. 飞机货舱内　　　　　　　　　　D. 配平调整片内

14. 燃油箱结构腐蚀的主要形式是( )。

　　A. 电化学腐蚀　　　　　　　　　　B. 微生物腐蚀

　　C. 晶间腐蚀　　　　　　　　　　　D. 应力腐蚀

项目八

ATA29 飞机液压系统部件识别及常见维护

飞机的飞行活动是依靠驾驶员操纵控制各操纵面(升降舵、方向舵、副翼等)的活动来实现的。小型飞机的操纵面比较轻巧,驾驶员用自己的体力就能搬动驾驶杆、踏踩脚蹬、拉动钢索使副翼或方向舵转动。飞机大型化以后,副翼等活动舵面的重量不断提升,仅凭体力难以搬动这些庞然大物,此时飞机上出现了助力机构。

助力机构的作用是帮助驾驶员用较小的力量去操纵笨重的操纵面。它包括很多种类,常见的杠杆、滑轮、齿轮等机械都可以用来做助力机构。但这些机构有两个缺点:第一,各种机械连接之处总会留有一点间隙,把力传递过去会有时间延迟;第二,机械传力是直接的、双向的,如果在传力时遇到阻碍,往往会在反方向造成机构的损害。

因此飞机采用的多为液压传动助力系统(简称"液压系统"),液压系统在现代飞机上已成为一个非常重要的大系统,如起落架的收放、前轮转弯操纵、刹车操纵及飞行操纵几乎都离不开液压传动系统。

任务一　液压的基本工作原理

1. 液压的基本工作原理

液压传动是以液压液作为工作介质对能量进行传递和控制的一种传动形式。

液压系统是利用流体静力学中的帕斯卡定律,使用油或者其他液体,把压力在液体中传递,从而实现小压力控制大压力。

液体的可压缩性一般非常小,在流体静力学中,认为液体是不可压缩的;在不可压缩的静止液体中,任何一点受到外力产生的效果,会瞬间传递到流体的各点,这就是帕斯卡定律。

图 8.1.1 为基于帕斯卡定律的简单液压系统。压强为 p 的液压作用在面积为 A 的作动筒端面,则在作动筒杆端产生的推力为 $F=p\times A$,即 $F_1/A_1=F_2/A_2$,$F_1/F_2=A_1/A_2$,通过帕斯卡原理传动,把作用面积变大,就能把作用力相应地成倍增大。

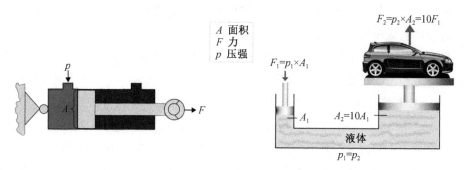

图 8.1.1 液压系统的工作原理示意图

利用这个原理,我们就可以通过较小的力,来产生较大的力,付出的代价是较小的力产生的位移更大,类似杠杆原理。

2. 液压系统的组成

图 8.1.2 是液压系统的组成。一个完整的液压系统由五个部分组成,即动力元件、执行元件、控制元件、辅助元件(附件)和液压油。要建立一个最简单的液压系统,至少需要有液压油箱、液压用户(作动部件)和产生持续压力的增压部件。

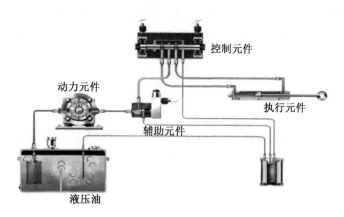

图 8.1.2 液压系统的组成示意图

来自油箱的液压油,经增压组件提升压力后供给用户,执行完工作再次返回液压油箱,如此重复。为了增加安全系数,飞机一般采用一套以上的液压系统,例如 B737 飞机均有三套液压系统,各系统独立工作,并且各液压系统之间不会发生液体交换。

① 动力元件 动力元件的作用是将原动机的机械能转换成液体的压力能,是液压系统中的油泵,它向整个液压系统提供动力。液压泵的结构形式一般有齿轮泵、叶片泵、柱塞泵等。液压泵是飞机液压系统里非常重要的动力元件,给整个系统提供持续的压力和流量供给。通常来说,飞机上一般装有两种驱动形式的液压泵,分别是发动机驱动泵(EDP,Engine Driven Pump)、电动马达驱动泵(EMDP,Electric Motor Driven Pump)。

② 执行元件　执行元件(如液压缸和液压马达)的作用是将液体的压力能转换为机械能,驱动负载作直线往复运动或回转运动。

③ 控制元件　在液压传动系统中,液压控制元件主要用来控制液压执行元件运动的方向、承载的能力和运动速度,以满足机械设备工作性能的要求,即控制液流的方向、压力和流量。可用于控制液压油的压力、方向和流量的元件或装置称为液压控制阀。

④ 辅助元件　液压辅助元件在液压系统中既不直接参与能量转换,也不直接参与方向、压力和流量等控制,但其是在液压系统中不可缺少的元件或装置。辅助元件包括油箱、滤油器、冷却器、加热器、蓄能器、油管及管接头、密封圈、快换接头、高压球阀、胶管总成、测压接头、压力表、油位计、油温计等,它们对保证系统正常工作有重要作用。

⑤ 液压油　液压油在液压系统中起着能量传递、抗磨、系统润滑、防腐、防锈、冷却等作用。

任务二　液　压　油

液压油在液压系统中起着能量传递、抗磨、系统润滑、防腐、防锈、冷却等作用。航空液压油又叫高压油,主要用来传递动力,操纵机械如起落架、襟翼、水平尾翼、减速板等机件的运动与止动等。

1. 航空液压油的性质要求

航空液压油的工作温度通常在 $-60℃\sim100℃$,典型客机的液压系统的压力体制是 21 MPa,如 A350、A380、B787 飞机的压力体制是 35 MPa,随着航空技术的发展,航空液压油的工作温度和工作压力将不断升高,此外液压油还将与各种材料接触。这些都对航空液压油的性质提出了要求。

(1)适当的黏度良好的黏温特性

液体在流动时,在其分子间产生内摩擦的性质,称为液体的黏性,黏性的数值用黏度表示。液压油黏度过大,在导管中流动的阻力就会增大,流动的速度就会降低,容易引起机件动作迟缓、传动动作变慢,甚至导致操作失灵。液压油黏度过小,油泵间隙处的回油量会增多,液压系统各附件的接头及密封处容易产生漏油,同时会导致运动部件的磨损加剧和负荷加重。

黏温特性表示液压油黏度随温度变化的特征。液压油温度会随气温变化而变化,不同地区、不同季节也会使油温发生较大变化。液压油承受泵、阀机件的较高压力不可避免地会使油温升高,黏度下降。停止时油温下降至常温,黏度又会上升,导致启动困难。因此,为确保液压系统稳定工作,液压油要有较好的黏温特性,黏度指数越大越好,一般抗磨液压油的黏度指数不应低于90,低温时液压油的黏度指数不低于130,数字控制液压油的黏度指数要在170以上。

（2）良好的抗氧化性

液压油和其他油品一样,在使用过程中都不可避免地发生氧化。特别是空气、温度、水分、杂质、金属催化剂等会有利于或加速液压油氧化,所以液压油要有较好抗氧化性。

液压油被氧化后产生的酸性物质会增加对金属的腐蚀性,产生的黏稠油泥沉淀物会堵塞过滤器和其他孔隙,妨碍控制机构的工作,降低效率,增加磨损。一旦氧化严重,液压油的许多性能都会显著下降,以致必须被更换。因此,液压油的抗氧化性越好,使用寿命就越长。通常要求酸值达到 2.0 mg KOH/g 的时间不少于 1 000 h。

（3）良好的防腐蚀和锈蚀性能

液压油在工作过程中,不可避免地要接触水、空气,液压元件因此发生锈蚀。液压油中的添加剂发生氧化、水解后,也会产生腐蚀性物质。液压元件的锈蚀、腐蚀会影响液压元件的精度,锈蚀产生的颗粒脱落也会造成磨损,从而影响液压系统的正常工作并减少寿命。因此,液压油要有较强的防锈、防腐能力。

（4）良好的抗乳化性

液压油在工作过程中,都有可能混进水。进入油箱的水,受到油泵、电机等液压元件的剧烈搅动后,容易形成乳化液。如果这种乳化液是稳定的,则会加速液压油的变质,降低润滑性、抗磨性,生成的沉淀物会堵塞过滤器、管道、阀门等,还会发生锈蚀、腐蚀。因此,液压油要有良好的抗乳化性,也就是说液压油要能较快地与水分离开来,使水沉到油箱底部,然后定期排出,避免形成稳定的乳化液。因此,常在液压油中加入抗乳化剂等添加剂。

（5）良好的润滑性（抗磨性）

在液压设备运转时,总要产生摩擦和磨损,尤其是在机器启动和停止时,常处于边界润滑状态。如果液压油抗磨性差、润滑性能不好,就会发生磨损,造成泵和电机性能降低、寿命缩短或系统故障产生。因此,为提高液压油的抗磨性能,常添加一定量的极压抗磨剂,如磷酸三甲苯酯和二烷基二硫代磷酸锌等。工作压力高的液压系统对液压油的抗磨性的要求就更高。

（6）较小的压缩性

压缩性是指流体在密闭状态下,随着压强的增加体积减小而密度增加的性质。一定体积的液体,随着压强增大,体积变化越小,说明其压缩性越小。液压油的压缩性很小,基本可以认为是不可压缩的。但如果液压油中含有气泡,由于气泡的压缩性很大,会导致液压油整体的压缩性显著增大,造成传动迟缓,甚至导致不能有效推动部件作动的情况发生。因此,需要严格控制液压油内的气体含量。

（7）良好的化学稳定性

化学稳定性主要是指油液抗氧化的能力,是选择液压油另一个非常重要的因素。油液在使用过程中,不可避免地会接触到空气、水分、盐分以及其他杂质,尤其在长时间的运行过程中,温度也会上升。有些油液还会与锌、铅、铜等金属发生化学反应,产生酸性物质。这些不利因素都会导致液压油的氧化加剧,黏性增大,杂质增多,油液变质,进而造成部件的黏滞、渗漏或者润滑性能下降,进而造成部件磨损。因此,液压油必须具备良好的化学稳定性。

(8) 防火特性

衡量防火特性的指标为闪点、燃点和自燃点。闪燃指液体表面产生足够的蒸气与空气混合形成可燃性气体时,遇火源产生短暂的火光,发生一闪即灭的现象。发生闪燃的最低温度称为闪点。燃点是指可燃液体表面上的蒸气和空气的混合物与火接触而产生火焰并能继续燃烧不少于 5 s 的温度。自燃点是指可燃物质在助燃性气体中加热而没有外来火源的条件下起火燃烧的最低温度。在实际使用中,通常用闪点和燃点来表征液压油发生爆炸或燃烧的可能性,要求航空液压油具有良好的防火性能。

2. 常用航空液压油

挑选正确的液压油才会确保飞机体系的正常运行和防止液压系统中的非金属元件的损坏,飞机上一般使用的液压油主要有植物基液压油、矿藏基液压油、磷酸酯基液压油。

植物基液压油由蓖麻油和酒精混合而成,具有激烈的酒精气味。为了便于辨认,油液的色彩染成了蓝色。天然橡胶密封件适用于植物基液压油,这种液压油开始用于较旧式的飞机上。

矿藏基液压油是从石油中提炼出来的,为了便于辨认,油液的色彩被染成赤色,也称红油。它具有好的光滑功能,参加抗氧化、耐高温等添加剂以阻挠泡沫、腐蚀发作的石油产品。广泛用于轻型飞机刹车体系、液压动力体系和减震器中。

磷酸酯基液压油是人工合成的液压油。其防火功能特别好,将这种液压油喷向 6 000 ℃ 的焊接火焰进行耐火试验,不会继续焚烧,偶然会呈现闪燃。1948 年,它才被用于高功能的活塞发动机和涡轮螺旋桨飞机上。磷酸酯基液压油的色彩是紫色,具有较好的低温作业特性和低腐蚀性,现被广泛用于现代大型运输机的液压系统。

在向飞机液压系统加油时,不允许混合使用这三种航空液压油,不然会对液压系统造成损坏并发生事故。应使用飞机保护手册中规定的液压油商标,或油箱和附件说明书所规定的油液商标。

3. 国内常用的航空液压油

我国航空工业使用量比较多的航空液压油分为普通液压油和耐燃液压油两种,普通航空液压油一般是红色的,耐燃航空液压油一般是紫色的。

① 10 号航空液压油　这款液压油分为地面和天空两种使用类型,是业内应用广泛的低温液压油之一。10 号航空液压油"地面用"符合 Q/SY YM 0024—2000 标准,主要应用

于寒冷、潮湿地区的机械设备和机场地面设备、消防特种设备、港口机械等（图 8.2.1）。10 号航空液压油"天空用"符合 SH 0358—1995 执行标准，主要用作航空液压传动机构，同时还可用于其他高性能液压系统，使用温度为−70 ℃以上。

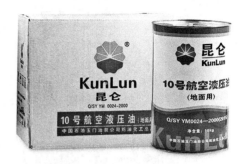

图 8.2.1　10 号航空液压油

② 15 号航空液压油　这款液压油的研发是为了取代 10 号和 12 号航空液压油，符合 GJB 1177—1991 标准，并与满足 MIL-H-5606E 标准的液压油性能相当（图 8.2.2）。目前，这款产品已经在海空装备领域开始大面积换装。

③ RP4350 航空液压油　这是一款国产的耐燃液压油，具有强化的高温性能，可用至 220 ℃的高温，可以降低航空液压系统出火灾的风险概率（图 8.2.3）。4350 合成烃液压油属于新型液压油，使用性能和进口的耐燃液压油相当，可用于飞机、导弹等装备上的自动导航装置、减震器，以及导弹液压伺服控制系统和其他使用合成密封材料的液压系统。

图 8.2.2　15 号航空液压油

图 8.2.3　RP4350 航空液压油

④ 41 号航空液压油　这是一款进口的航空液压油，也是目前国内航空公司经常使用的品牌（图 8.2.4）。这款产品符合 MIL-PRF-5606H 标准，和 15 号航空液压油定位相近，在飞机起落架等低温液压环境使用。

⑤ LD-4 航空液压油　该产品的成分是磷酸醋，有着高达 175 ℃的闪点，比传统的矿物型液压油（10 号、15 号、壳牌 41 等）高出 60 ℃（图 8.2.5）。其优异的高温耐燃、阻燃性能，获得了各大航空制造商和航空运输服务商的青睐。

图 8.2.4　41 号航空液压油

图 8.2.5　LD‑4 号航空液压油

4. 液压油使用注意事项

（1）禁止液压油混用

不同类型的液压油成分不相同，因此不能混用。使用错误的液压油可能会使密封部件、胶管和其他非金属部件迅速损坏，使系统无法工作。如果加错油液应立即排放油液，冲洗整个系统，并根据制造厂家规定及时更换可能损坏的部件。

（2）保持油液清洁度

为保持油液的清洁，必须做到以下几点：第一，系统必须加装油滤，更换液压油时，要彻底清洗系统，并排除空气，加入的新液压油必须过滤；第二，维护人员在维护液压系统时，必须严格按照规定操作，避免污染系统。

（3）避免污染其他系统或结构

在维护液压系统时应避免液压油污染其他系统和飞机结构，尤其是轮胎、胶管等非金属结构和飞机表面的油漆涂层。在维护时，一旦发生油液溅出的情况，应立即用干净的抹布擦净，并用肥皂水和热水彻底冲洗。

（4）使用过程中做好防护

磷酸酯基液压油有较强的毒性，对人体皮肤、眼睛和呼吸道黏膜有较强的刺激性。在使用过程中，应根据情况佩戴橡胶手套、护目镜等防护装备。当有可能被油液喷溅到眼睛（例如进行压力测试或元件拆装更换）时，应佩戴防护镜。如果皮肤接触到液压油，应用大量清水或肥皂水清洗。如果眼睛接触到液压油，应第一时间用大量清水清洗眼睛，情况严重时应立即向医生求助。

任务三　液　压　泵

1. 液压泵工作原理

液压泵是飞机液压系统里非常重要的动力元件,给整个系统提供持续的压力和流量供给。所有飞机的液压系统均包括一个或者多个动力驱动泵,有的飞机上还安装有作为备用动力泵的手动泵。

液压泵依靠发动机或马达驱动,将液压油箱中的油液吸进,形成压力油并将其排出、送到执行元件上。所需条件是泵腔内有密封容积变化。液压泵的功能是把动力机(如电动机和内燃机等)的机械能转换成液体的压力能。

液压泵按结构主要可分为齿轮泵、叶片泵和柱塞泵三种。

（1）齿轮泵

齿轮泵具有体积小、结构简单、抗污染性强、价格便宜,以及泄漏大、噪声大、流量脉动大、排量不能调节等特点。

① 外啮合齿轮泵

外啮合齿轮泵是应用最广泛的一种齿轮泵,一般齿轮泵指的就是外啮合齿轮泵。它的结构如图 8.3.1 所示。泵体、泵盖和齿轮构成的密封空间就是齿轮泵的工作室。两个齿轮的轮轴分别装在两泵盖上的轴承孔内,主动齿轮轴伸出泵体,由电动机带动旋转。外啮合齿轮泵结构简单、重量轻、造价低、工作可靠、应用范围广。

齿轮泵工作时,主动轮随电动机一起旋转并带动从动轮跟着旋转。当吸入室一侧的啮合齿逐渐分开时,吸入室容积增大,压力降低,便将吸入管中的液体吸入泵内;吸入液体分两路在齿槽内被齿轮推送到排出室。液体进入排出室后,由于两个齿轮的轮齿不断啮合,液体受挤压而从排出室进入排出管中。主动齿轮和从动齿轮不停地旋转,泵就能连续不断地吸入和排出液体。泵体上装有安全阀,当排出压力超过规定压力时,输送液体可以自动顶开安全阀,使高压液体返回吸入管。

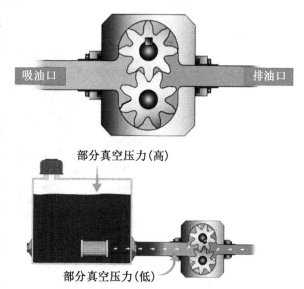

吸油口　　排油口

部分真空压力(高)

部分真空压力(低)

图 8.3.1　外啮合齿轮泵

② 内啮合齿轮泵

内啮合齿轮泵由一对相互啮合的内齿轮及它们中间的月牙形件、泵壳等构成(图8.3.2)。当主动齿轮旋转时,在齿轮脱开啮合的地方形成局部真空,液体被吸入泵内并充满吸入室各齿间,然后沿月牙形件的内外两侧分两路进入排出室。轮齿进入啮合的地方,存在于齿间的液体被挤压而送进排出管。

齿轮泵除具有自吸能力、流量与排出压力无关等特点外,泵壳上无吸入阀和排出阀,具有结构简单、流量均匀、工作可靠等特性,但效率低、噪声和振动大、易磨损,主要用来输送无腐蚀性、无固体颗粒并且具有润

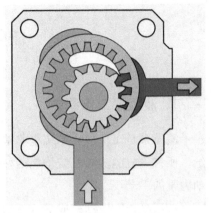

图 8.3.2　内啮合齿轮泵

滑能力的各种油类,温度一般不超过70 ℃,例如润滑油、食用植物油等。一般其流量范围为0.045～30 ms/h,压力范围为0.7 M～20 MPa,工作转速为1 200～4 000 r/min。

(2) 叶片泵

叶片泵具有流量均匀、运转平稳、噪声小、工作压力和容积效率较高、结构较复杂等特点。

叶片泵由转子与叶片形成一个偏心的结构,随着转子在驱动轴的带动下旋转(图8.3.3)。叶片底端由于弹簧或液压油的作用,始终保持足够的压力,使得叶片顶端能够贴紧泵的内壁。在旋转过程中,任意两个相邻叶片与泵体围成了密闭的空间。密闭空间逐渐变大时,液压油被吸入里面,当密闭空间的体积由大变小时,里面的液压油从液压区压出。

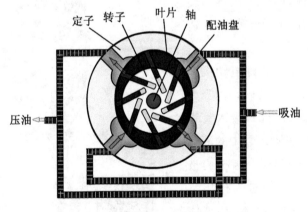

图 8.3.3　叶片泵

(3) 柱塞泵

柱塞泵容积效率高、泄漏小,可在高压下工作,大多用于大功率液压系统,但结构复杂,材料和加工精度要求高,价格贵,对油的清洁度要求高。

柱塞泵有一个传动轴,与缸体连接在一起,柱塞沿圆周均匀地分布在缸体内,柱塞一

端压紧在固定的斜盘上,另一端与泵体底面间装有压缩弹簧,斜盘相对于泵体轴线有一个倾角,活塞会始终压在倾盘上(图8.3.4)。缸体一侧的活塞与缸体周围的密封容积逐渐增大为吸油区,另一侧由于周围的密封容积逐渐减小成为压油区。以单个柱塞为例,缸体转角从0°到180°时,柱塞逐渐伸出,柱塞底部缸孔的密封工作容积增大,此过程吸油。转角从180°到360°时,缸孔容积减小,此过程压油,斜盘的倾角越大,活塞底部缸孔容积差就越大,泵的排量就越大,也可以通过调节倾盘的倾斜角度,来改变斜盘式柱塞泵的排量。

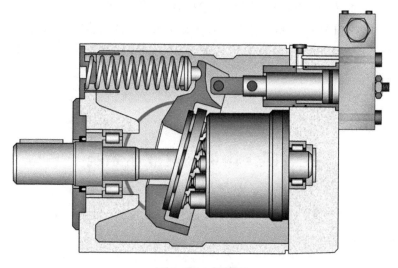

图8.3.4　柱塞泵

2. 飞机上的液压泵

常见的动力驱动泵主要分为发动机驱动泵、电力马达驱动泵。通常来讲,电力马达泵主要应用于紧急情况和飞机在地面操作时。有的飞机还安装有冲压涡轮,在紧急情况下为液压系统提供动力。

(1)发动机驱动泵

发动机驱动泵(EDP,Engine Drive Pump),由发动机附件齿轮箱传递来的扭矩驱动,一般是变量泵,输出流量在一定压力范围内恒定,达到预设压力之后输出流量截止,变成保压状态(图8.3.5)。对于大多数机型来说,一般在2 800 psi左右的时候泵处在最大流量供给状态,流量一般在36 gal/min左右,换算成公制单位约是164 L/min。在3 000 psi压力的时候,泵会将输出流量逐步降低到0。

图8.3.5　B757飞机上的发动机驱动泵剖面图

（2）电动马达驱动泵

电动马达驱动泵（EMDP，Electrical Motor Drive Pump），顾名思义就是整个液压泵的驱动动力来源是电动马达。在飞机上，EMDP 所使用的电动机一般是三相异步电动机。工作电压为三相 115 V，频率为 400 Hz。

EMDP 的个头相比 EDP 要小很多，其滑靴组件和缸筒组件用一只手就可以拿起来。其供给流量一般只有 6 gal/min（约 22.7 L/min）左右。EMDP 的工作原理与 EDP 基本一致，同样是轴向柱塞泵，同样是压力驱动型的变量输出泵。正常工作状态下 2 800 psi 左右为正常最大输出流量状态，3 050 psi 左右为 0 流量输出保压状态。

电动马达驱动泵里的电动机一般采用冷液进行散热，油液直接进入电动机内部，在内部增压循环之后从壳体流量孔口流出，形成源源不断的壳体流量，在带走热量的同时还能起到清洁润滑的作用。

任务四　认识飞机液压系统

B737 飞机共有 3 个独立的液压系统为其他系统提供液压动力。液压动力系统组成如图 8.4.1 所示。

图 8.4.1　液压动力系统组成

飞机上需要使用液压动力的系统有：

① 两侧反推装置；

② 动力转换组件（PTU，Power Transfer Unit）马达；

③ 起落架收放系统；

④ 前轮转弯系统；

⑤ 主起落架刹车系统；

⑥ 主飞行操纵系统；

⑦ 辅助飞行操纵系统。

（1）主液压系统

主液压系统包括系统 A 和系统 B（图 8.4.2）。系统 A 的大部分部件位于飞机的左侧，而系统 B 则位于右侧。

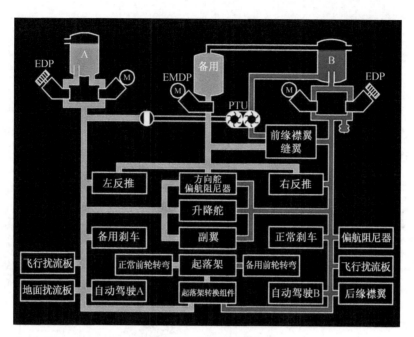

图 8.4.2　主液压系统控制

（2）地面勤务系统

地面勤务系统从一个中心点为所有的液压油箱加油。

（3）辅助液压系统

辅助液压系统包括备用液压系统和动力转换组件（PTU）系统。

备用液压系统是一个必备系统，为以下部件提供备用液压动力：

① 方向舵；

② 前缘襟翼和缝翼；

③ 两个反推装置。

液压动力转换组件（PTU）系统是前缘襟翼、缝翼以及自动缝翼系统的液压动力备用来源。

（4）液压指示系统

液压指示系统如图 8.4.3 所示，在驾驶舱中指示的内容有：液压系统 A 和系统 B 的液压油量、备用系统低油量/低压力警告、液压系统 A 和系统 B 的压力。

图 8.4.3　液压指示系统

任务五　主液压系统

主液压系统如图 8.5.1 所示。液压系统 A 和 B 独立工作,向飞机系统提供液压动力。两个系统工作在 3 000 psi 正常压力下,并且两个系统几乎相同。每个系统都由增压空气系统增压。油箱增压组件向主液压系统提供过滤的增压空气。

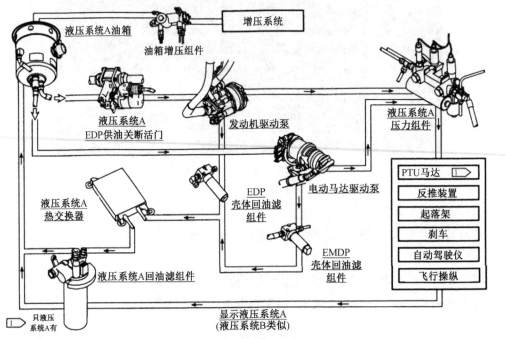

图 8.5.1　主液压系统

由增压空气系统来的增压空气通过油箱增压组件到达油箱,两个油箱为系统 A 和 B 的电动马达驱动泵(EMDP)和发动机驱动泵(EDP)提供油液,每个系统的发动机驱动泵供油关断活门控制供向发动机驱动泵(EDP)的液压油。

每个系统的液压泵向压力组件提供持续的压力,壳体回油用来冷却泵内部件,并且通过壳体回油进行油滤。

压力组件清洁、监控并分配来自油泵的压力油液,也可防止系统超压。

壳体回油滤组件在壳体回油进入热交换器之前将油液清洁。热交换器可在壳体回油流经回油滤组件的顶部之前冷却油液,回油滤组件可在油液流回油箱之前过滤油液。

1. 液压系统 A

液压系统 A 为以下飞机系统提供压力:动力转换组件(PTU)马达,左发反推,起落架收放,正常前轮转弯,备用刹车,自动驾驶 A,副翼,方向舵,升降舵,升降舵感觉器,2 号、

4号、9号、11号飞行扰流板,1号、6号、7号和12号地面扰流板。

液压系统A的主要部件有:

① 油箱　位于主轮舱中间前隔框上,有一根立管接向EDP1,在油箱底部有一个接口为EMDP2供油。

② EDP供油关断活门　位于油箱和EDP之间的供油管路上,在主轮舱左上隔框上;当火警开关位于UP位时,关断活门阻断液压油流向EDP。

③ EDP　用一个卡环固定在AGB前方,在EDP上有3个管路——液压油供油路、压力输出管路和壳体排油路(壳体排油来自供油路,是用来冷却和润滑泵组件的),为系统提供液压压力。

④ EMDP　位于主轮舱中间前隔框,为系统提供压力;管路主要有供油管路、压力输出管路(在压力输出管路上还有一个声音滤来减小EMDP的噪声和振动)、壳体排油管路。

注:如果间断地运转EMDP,5 min内,不要超过5次启动;两次启动间隔为30 s。

⑤ 压力组件　位于主轮舱左前隔框,分配液压泵的压力、清洁来自EDP和EMDP的压力油、监控EDP和EMDP的压力、监控系统压力、高压保护。

⑥ 壳体排油滤组件　EDP位于EDP和发动机支柱的液压接头之间的回油管路上,清洁来自EDP的液压油;EMDP位于每个泵下面的回油管路上,清洁来自EMDP的液压油。

⑦ 热交换器　位于1号燃油箱的下面,在壳体排油管路上,冷却来自泵的排油。

⑧ 回油滤组件　位于油箱下面,清洁来自这些地方的回油——系统作动筒、系统组件、系统活门、PTU(仅液压系统A)。当回油滤堵塞造成压差达到65 psi时,红色的压差指示将会向上弹出;压差达到100 psi或更大时,旁通活门打开。

液压系统A如图8.5.2所示。

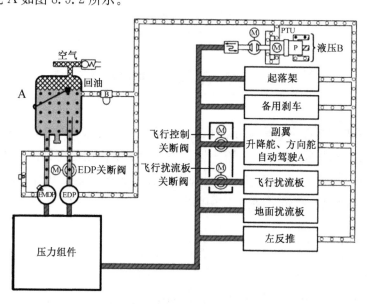

图8.5.2　液压系统A

2. 液压系统 B

液压系统 B 为以下飞机系统提供压力：右发反推，备用落架放下系统，备用前轮转弯，正常刹车，自动驾驶 B，副翼，方向舵，升降舵，升降舵感觉器，3 号、5 号、8 号、10 号飞行扰流板，后缘襟翼，前缘襟翼和缝翼。

液压系统 B 的主要部件有：

① 油箱　位于主轮舱右前隔框，有一根立管为 EDP2 和 EMDP1 供油，在油箱底部有一个接口为 PTU 供油，在油箱和备用油箱之间还有一根充油和平衡管。

② EDP 供油关断活门　位于油箱和 EDP 之间的供油管路上，在主轮舱右上隔框上；当火警开关位于 UP 位时，关断活门阻断液压油流向 EDP。

③ EDP　同系统 A。

④ EMDP　同系统 A。

⑤ 压力组件　位于主轮舱中间前隔框，作用同系统 A；区别于系统 A 的是 B 系统压力组件有 EDP 压力开关自动缝翼系统，当系统 B 压力减小到低于正常值时，系统给 PTU 发送一个信号。

⑥ 壳体排油滤组件　EDP 位于 EDP 和发动机支柱的液压接头之间的回油管路上，清洁来自 EDP 的液压油；EMDP：位于每个泵下面的回油管路上，清洁来自 EMDP 的液压油。

⑦ 热交换器　位于 2 号燃油箱的下面，在壳体排油管路上，冷却来自泵的排油。

⑧ 回油滤组件　位于油箱下面，清洁来自这些地方的回油——系统作动筒、系统组件、系统活门、PTU（仅液压系统 B）。当回油滤堵塞造成压差达到 65 psi，红色的压差指示将会向上弹出。

任务六　液压存储系统

液压存储系统的部件主要是飞机液压油箱。液压油箱通常是圆柱形、完全密封的金属罐。油箱内上部为增压空气，下部为液压油。油箱的主要作用是存储液压油，并留有足够保证液压油膨胀的空间，油液体积变化是由液压油工作过程中温度升高热膨胀引起的。除此之外，液压油箱还具有散热、分离油液中的空气和沉淀油液中的杂质等作用。

1. 液压油箱

（1）位置

液压系统 A 的油箱位于主轮舱中央，在前隔框上。

液压系统 B 的油箱位于主轮舱右的前侧隔框上。

（2）容量

液压系统 A 的油箱总容量为 25.8 L。

液压系统 B 的油箱总容量为 40.6 L。

（3）结构

油箱是气密金属结构，有以下部件：增压空气接口、EDP 和 EMDP 供油管路接口、回油管路接口、放油活门、液压油量传感器、液压油量指示器。

（4）功能

液压系统 A 的油箱内有一发动机驱动泵（EDP）立管。在油箱底部的接口为电动马达驱动泵提供油液。位于油箱底部的放油活门是人工操纵的。

液压系统 B 的油箱中有一 EDP 和 EMDP 立管。在油箱底部的接口为动力转换组件（PTU）的泵提供液压油。位于油箱底部的放油活门是人工操纵的。系统 B 的油箱经加油平衡管连接到备用油箱，系统 B 的油箱的压力同时给备用液压系统油箱增压。

液压系统 A 和 B 的油箱分别如图 8.6.1、图 8.6.2 所示。

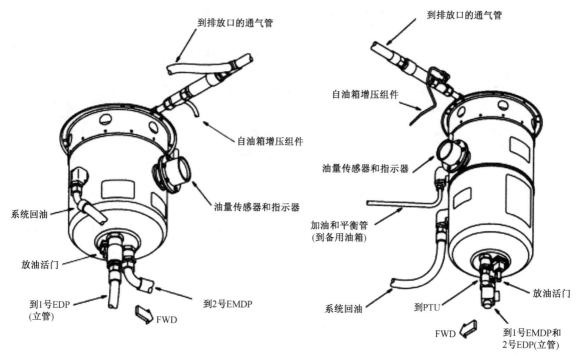

图 8.6.1　液压系统 A 的油箱　　　　图 8.6.2　液压系统 B 的油箱

2. 油箱空气增压

现代飞机通常使用气源系统或发动机引气对液压油箱进行增压，称为油箱空气增压。油箱增压组件是空气增压系统的主要部件，内部通常有单向阀、气滤、减压阀和地面增压接头等。为了保障安全,在维护前需要对液压油箱进行释压。典型的油箱空气增压系统如图 8.6.3 所示,液压油箱增压空气可以来自左发高压压气机引气、飞机气源系统(发动机引气、APU 引气或地面气源)或地面增压接头,飞机在空中正常飞行时使用左发高压压气机引气对液压油箱进行增压。地面维护时可以通过压力表读取油箱压力值,当油箱增压压力不足时,会在驾驶舱显示油箱低压警告。

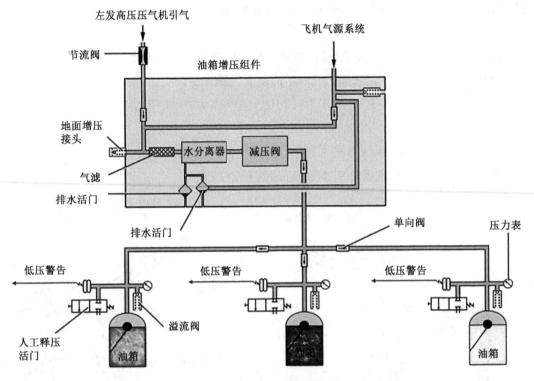

图 8.6.3　油箱增压系统组成

①　节流阀　用于对左发高压压气机引气进行降压,同时在下游气管发生破损漏气后限制空气流量,减小对左发引气的消耗;

②　地面增压接头　在维护时可以通过此接头使用地面充气设备对液压油箱进行增压;

③　气滤　过滤增压空气中的杂质,防止对液压油造成污染;

④　水分离器、排水活门　用于从增压空气中分离并排出水分;

⑤　减压阀　对发动机高压压气机引气进行进一步降压,以满足液压油箱增压需求;

⑥　单向阀　用于防止空气反流;

⑦　人工释压活门　每个油箱有单独的人工释压活门,在进行相关的液压系统维护工作前,通过此活门进行释压,以保障安全;

⑧　溢流阀　用于油箱内压力过大时释放多余压力,保护油箱结构。

任务七　液压分配系统

在液压系统中,液压泵出口高压油是通过压力组件分配到各用压系统的,从各分系统的回油经过回油组件统一返回油箱。

1. 压力组件

① 位置　安装在液压泵的出口管路,即压力管路上。

② 作用　过滤和分配液压泵出口的高压油到各用压系统。

③ 组成　一般包括压力传感器、压力电门、油滤、溢流阀、单向阀(图8.7.1),以及取样活门、漏计量活门等。

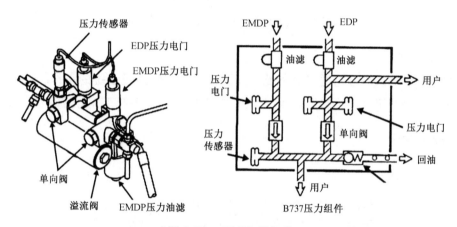

图 8.7.1　压力组件组成

压力传感器探测系统压力,用于驾驶舱指示;压力电门用于系统压力过低时触发警告;油滤用于清洁油液;溢流阀用于超压释放;单向阀用于控制油液流向;取样活门用于收集油液进行分析;渗漏计量活门用于液压系统内漏测量。

2. 回油组件

① 位置　安装在回油管路。

② 作用　过滤及引导返回油箱的油液。

回油组件的内部构造相对简单,一般包括油滤、旁通活门和单向阀等。如图8.7.2所示,油滤上游安装单向阀1,允许系统油液经过油滤返回油箱。若没有此单向阀,当工作系统出现低压时,可能会出现"油滤反冲"现象。所谓油滤反冲,是指油箱内油液在油箱增压压力作用下通过油滤反流,导致滤杯内污染杂质随油液逆流到工作系统中,使上游系统遭到污染。单向阀2可为逆流的油液提供通路,进一步避免油滤反冲现象的出现。有的回油组件内还带有温度传感器。

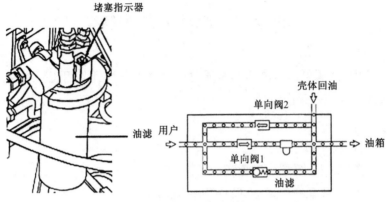

图 8.7.2　回油组件

任务八　控制和指示系统

　　飞机组或维护人员可以通过驾驶舱液压面板控制相应液压系统的工作。系统中的传感器和电门检测系统工作状态,用于给驾驶舱提供指示,并在系统工作异常时发出警告。

1. 液压面板

液压面板如图 8.8.1 所示。

图 8.8.1　液压面板

　　(1) 电动液压泵过热灯(EMDP 过热灯)

　　点亮(琥珀色)——用于冷却和润滑相应电动马达驱动泵的液压油过热或者电动马达驱动泵本身过热。

　　(2) 液压泵低压指示灯(EDP/EMDP 低压灯)

　　点亮(琥珀色)——相关输出压力过低。

注意：当发动机火警电门被拉起，低压灯熄灭。

（3）电动液压泵电门

ON——打开电动马达驱动泵；

OFF——关闭电动马达驱动泵。

（4）发动机液压泵电门

ON——堵塞活门（de-energized BLOCKING VALVE，这里大致参照SDS 29-10-00标准翻译为"泄压电磁活门"），不通电，从而使得EDP增压（提供正常增压的液压油）。注意：保持在ON位可以延长线圈寿命。

OFF——堵塞活门通电，阻断液压油主路向外输出。

2. 油量指示器

油量指示器如图8.8.2所示。油箱中的油量传感器利用浮子感受油面的高低变化，并将油量值显示在油箱外部的油量表和驾驶舱面板或显示器上。

图 8.8.2 液压油箱的油量指示器

3. 压力传感器和压力电门

压力传感器和压力电门如图8.8.3所示。压力传感器可探测连续的压力信号，通常用于驾驶舱显示。压力电门通常用于触发系统低压警告，当探测到的压力低于一定值时，点亮警告灯或发出警告信息。

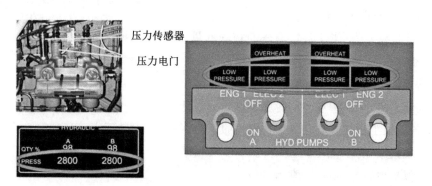

图 8.8.3 压力传感器和压力电门

4. 过热警告

油液和电马达液压泵的温度信号由超温电门(或温度传感器)探测,温度超过一定值时点亮警告灯或发出警告信息(图 8.8.4)。

超温电门

图 8.8.4　过热警告

5. 飞控面板

飞控面板如图 8.8.5 所示。

(1) 飞控电门

STBY RUD——指示备用泵工作并打开备用方向舵关断活门,给备用方向舵 PCU 增压;

OFF——关闭飞控关断活门,断开副翼、升降舵、方向舵相关系统液压;

ON(保护位)——指示正常操作(灯灭,监控液压系统,当小于 1 300 psi 时灯亮,大于 1 600 psi 时灯灭)。

(2) 飞控低压灯

点亮(琥珀色)——指示副翼、升降舵、方向舵的液压系统 A 或 B 压力低。

当飞控电门打到 STBY RUD 位且备用方向舵关断活门打开时,飞控低压灯熄灭。

(3) 备用液压低油量灯

点亮(琥珀色)——指示备用液压油箱低油量,总是保持预位。

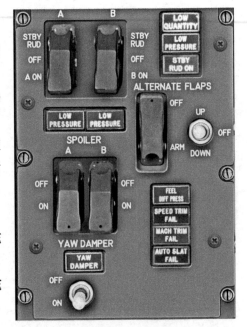

图 8.8.5　飞控面板

(4) 备用液压低压灯

点亮(琥珀色)——指示备用液压泵输出压力低。

选择备用泵工作或者自动备用功能被激活时,备用液压灯预位。

(5) 备用襟翼预位电门

OFF(保护位)——指示正常运行位;

ARM——关闭后缘襟翼旁通活门,打开备用泵,预位备用襟翼位置电门。

（6）备用方向舵打开灯（选装）

点亮（琥珀色）——指示备用液压系统用于给备用方向舵 PCU 增压。

任务九　常见液压系统维护工作介绍

1. 典型飞机液压系统加油操作

维护飞机液压系统安全的注意事项

① 给液压油箱加入适量的油。如果加太多的油，油可能会进入引气管道和空调组件，这将使烟和蒸气进入驾驶舱和客舱，引气系统液压油污染，进而引起钛金属管道的损伤。液压油的烟和蒸气会导致人员受伤。

② 不要让液压油溅到身上，液压油会导致人员受伤。

③ 如果皮肤沾到了液压油，用水冲洗；如果液压油溅到眼睛里面，用水冲洗眼睛并做治疗；如果有人误喝了液压油，马上进行救治。

④ 加油时要用清洁的液压油和设备，否则会损害液压系统。

⑤ 不要向压力加油接头提供压力超过 517 kPa 的液压油，否则可能会损伤液压系统。

维修工作单

❶ 操作前准备

1. 在驾驶舱 P2 板显示器（DU）上检查液压油量。

注：过站时，若读数低于 80%，则需加油到 100%；航后时，若读数低于 92%，则需加油到 100%。

2. 确保襟翼和前缘装置在收上位。

3. 确保流板在放下位。

4. 解除液压系统 A、B 和备用系统压力。

5. 液压系统 B 加油之前，确保刹车储压器压力至少为 19 300 kPa。

❷ 施工步骤

1. 把吸管放入液压油容器；

2. 旋转油箱加油，选择活门到将要加油的油箱；

3. 使用手摇泵向相应系统加入适量的液压油；

4. 将系统恢复正常（吸管放回原位，选择活门放回中立位）。

---

2. 飞机主液压系统增压操作

警告与告诫

① 警告：在液压系统增压前，确保所有起落架安全销已安装。若不安装起落架安全销，起落架可能会意外收上，导致人员受伤和设备损坏。

② 警告：P91 和 P92 跳开关面板通电时，要小心闭合 P91 和 P92 面板上的跳开关，否则会发生触电并导致人员受伤。

③ 警告：当液压系统增压时，人员和设备应远离控制舵面和前起落架，否则会导致人员受伤和设备损坏。

④ 告诫：当相应主燃油箱中的燃油量低于 760 kg 时，液压泵工作不能超过 2 min。如果超过 2 min，需等待液压油箱温度降至常温，液压泵才能继续工作，否则会导致液压油温度超温。

维修工作单

❶ 操作前准备

1. 确认所有起落架安全销已安装，并与地面人员保持联系；

2. 确认人员和设备应远离控制舵面和前起落架；

3. 确认主燃油箱中的燃油量低于 760 kg。

❷ 施工步骤

1. 液压系统 A、B 电动泵电门置于 ON 位，确认液压系统 A、B 电马达驱动泵停止，低压灯熄灭；

2. 下 DU 系统页面显示液压系统压力。

项目练习

1. 合成液压油的一个重要特性是（   ）。

    A. 低的吸水性   B. 较高的黏度   C. 闪点高   D. 闪点低

2. 现代民航飞机液压系统中常用的液压油为（   ）。

    A. 植物基液压油   B. 石油基液压油

    C. 磷酸酯基液压油   D. 汽轮机油

3. 在液压传动中压力取决于（   ）。

    A. 液体的流速   B. 液体的流量

    C. 液压泵输出的压力   D. 工作负载

4. 斜盘式变量泵中,斜盘的倾斜角可变,目的是改变泵的(　　　)。

　　A. 容积效率　　　　B. 流量　　　　　　C. 压力　　　　　　　D. 机械效率

5. 在飞机液压系统工作时,必须保证(　　　)。

　　A. 飞机液压系统有足够的液压油　　　　B. 飞机燃油系统有一定的燃油

　　C. 发动机启动并正常运行　　　　　　　D. 液压系统蓄压器有足够压力

6. 给液压油箱补油时,一般采用(　　　)。

　　A. 手摇泵加油和压力加油　　　　　　　B. 重力加油和压力加油

　　C. 重力加油　　　　　　　　　　　　　D. 平衡输油

7. 在拆卸一个液压系统的增压油箱之前(　　　)。

　　A. 要操纵液压系统工作,以释放压力

　　B. 通过人工释压活门释放油箱中的空气压力

　　C. 要释放储压器的压力

　　D. 要断开所有电源

8. 造成油滤头部上的红色指示销伸出的原因是(　　　)。

　　A. 油滤滤芯堵塞　　　　　　　　　　　B. 油滤出口管路阻力过大

　　C. 油滤进口管路阻力过大　　　　　　　D. 油滤上的旁通活门打开

9. 当液压系统中有空气时(　　　)。

　　A. 只影响助力器的稳定性　　　　　　　B. 影响助力器的稳定性和快速性

　　C. 影响助力器的稳定性和灵敏性　　　　D. 影响助力器的快速性、稳定性和灵敏性

10. 适用于磷酸酯基液压油密封圈是(　　　)。

　　A. 天然橡胶　　　　　　　　　　　　　B. 合成橡胶

　　C. 异丁橡胶　　　　　　　　　　　　　D. 氯丁橡胶

11. 液压传动的基本原理是根据(　　　)理论建立的。

　　A. 帕斯卡原理　　　　　　　　　　　　B. 阿基米德定律

　　C. 牛顿物理学第一定律　　　　　　　　D. 质量守恒定律

12. 液压系统中一般在(　　　)装有油滤。

　　A. 油泵出口

　　B. 系统回油进入油箱前

　　C. 泵壳体回油进入油箱前

　　D. 油泵出口,系统回油和泵壳体回油进入油箱前

13. 下述关于油液黏度对液压系统的影响,哪项是正确的?(　　　)

　　A. 油液黏度大会使系统效率高

　　B. 油液黏度太低会使系统效率降低并附件快速磨损

　　C. 油液黏度低会提高系统容积效率

　　D. 油液黏度的高和低对液压系统无大影响

14. 液压动作筒的功用是（   ）。

    A. 将液压系统高压管路的油液传输到回油路上，以返回油箱

    B. 将液压能转变为机械能

    C. 传递液压油

    D. 传递压力

15. 用多孔纸质制成的液压油滤滤芯，通常（   ）。

    A. 是在定期使用后应及时清洗的滤芯 B. 在飞机液压系统不能使用

    C. 是在定期使用后应更换新的滤芯   D. 是能够自动清洗的滤芯

16. 现代飞机上使用的发动机驱动的变量泵和电动泵，在驾驶舱内都有操纵电门，飞机在地面时两个电门放置的位置应是（   ）。

    A. 发动机驱动泵电门放在"打开"位，电动泵电门在"关闭"位

    B. 发动机驱动泵电门放在"关闭"位，电动泵电门在"打开"位

    C. 两个电门均应放在"关闭"位

    D. 两个电门均应放在"打开"位

17. 石油基液压油颜色为（   ）。

    A. 紫色   B. 蓝色   C. 绿色   D. 红色

ATA27 飞行操控系统部件识别及常见维护

任务一 认识飞行操控系统

飞机的飞行操控系统用于保证飞机飞行的稳定性和操纵性,提高飞机飞行性能,增强飞行的安全性并减轻飞行员的工作负担。飞行操控系统是飞机上的主要系统之一,它的工作性能直接影响着飞机飞行的性能。对于民航飞机来说,其在更大程度上影响着飞机的安全性和乘坐品质。飞机的飞行操控系统是飞机上所有用来传递操纵指令,驱动舵面运动的所有部件和装置的总合,用于控制飞机的飞行姿态、气动外形、乘坐品质。驾驶员通过操纵飞机的各舵面和调整片实现飞机绕纵轴、横轴和立轴旋转(图 9.1.1),以完成对飞机的飞行姿态和飞行轨迹的控制。

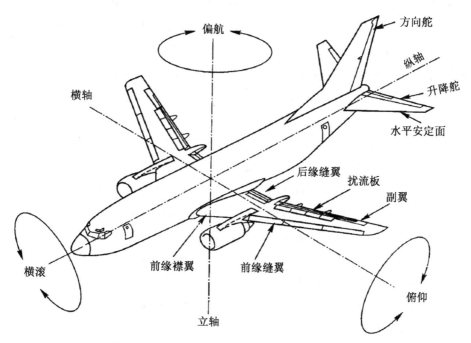

图 9.1.1　飞机绕三个轴的飞行运动及操控舵面

1. 飞行操控系统的主要组成及功能

飞行操控系统的主要组成如图 9.1.1 所示,其功能包括:

① 中央操纵机构用于产生操纵指令,包括手操纵机构和脚操纵机构;

② 传动机构用于传递操纵指令;

③ 驱动机构用于驱动舵面运动。

表 9.1.1 飞行操控系统的主要组成

中央操纵机构	→	传动机构	→	驱动机构	→	舵面	
手操纵机构		机械传动		人力驱动		主操纵	副翼
							升降舵
							方向舵
		电传操纵		液压助力		辅助操纵	襟翼、缝翼
脚操纵机构							扰流板
		光传操纵		电力驱动			安定面

2. 飞行操控系统的分类

① 根据操控信号的来源,飞机的飞行操控系统可以分为两大类:人工飞行操控系统和自动飞行控制系统。人工飞行操控系统的操控信号是由驾驶员发出的;而自动飞行控制系统的操控信号是由系统本身产生的。自动飞行控制系统对飞机实施自动和半自动控制,协助驾驶员工作或自动控制飞机对扰动的响应,如自动驾驶仪、发动机油门自动控制、结构振动模态抑制系统都属于自动飞行控制系统。

② 根据操控信号传递的方式,飞行操控系统可以分为机械操控系统和电传操控系统。机械操控系统的操纵信号由钢索、传动杆等机械部件传动;而电传操控系统的操纵信号通过电缆传递。目前正在研究的信号传递方式为光传操控,操控信号为在光缆中的光信号。

③ 根据驱动舵面运动方式,飞行操控系统可分为简单机械操控系统和助力操控系统。简单机械操控系统依靠驾驶员体力克服铰链力矩驱动舵面运动,又被称为无助力操控系统。简单机械操控系统分为软式操纵系统和硬式操纵系统。简单机械操纵系统构造比较简单,主要由驾驶杆、脚蹬、钢索、滑轮、传动杆、摇臂等组成。随着飞机尺寸和重量的增加、飞行速度的不断提高,即使使用了气动补偿,驾驶杆力仍不足以克服铰链力矩,20 世纪 40年代末出现了液压助力器,实现了助力操纵。目前飞机舵面的驱动装置除了常用的液压助力器外,还有电驱动装置。

另外,根据舵面类型不同,飞行操控系统还可分成主操控系统和辅助操控系统。主操控系统包括副翼操控、升降舵操控和方向舵操控(图 9.1.2);辅助操控系统包括增升装置、扰流板操纵和水平安定面配平操纵(图 9.1.3)。

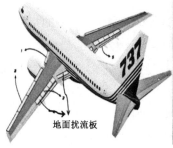

图 9.1.2　飞行操控系统舵面类型

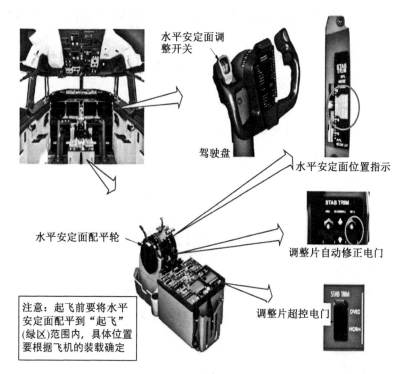

图 9.1.3　辅助操控系统

3. 飞行操控系统的要求

飞行操控系统除了应满足重量轻、制造简单、维护方便、具有足够的强度和刚度等要求外,还应满足以下一些特殊要求:

① 保证驾驶员手、脚操纵动作与人类运动本能相一致。

② 驾驶杆既可操纵升降舵又可操纵副翼,同时要在纵向或横向操纵时彼此互不干扰。

③ 驾驶舱中的脚操纵机构应当能够进行调节,以适应不同身材的需要。

④ 驾驶员是凭感觉来操纵飞机的,除感受过载大小之外,还要有合适的杆力和杆位移的感觉,其中杆力尤为重要,脚蹬力和脚蹬位移也是如此。

⑤ 驾驶杆(或脚蹬)从配平位置偏转时,所需的操纵力应该均匀增加,并且力的指向总是与偏转方向相反。这样,驾驶杆(或脚蹬)就有自动回中(即回到配平位置)的趋势。

⑥ 驾驶杆力(或脚蹬力)应随飞行速度的增加而增加,并随舵面偏转角度的增大而增大。

⑦ 为防止驾驶员无意识动杆及减轻驾驶员的疲劳,操纵系统的启动力应在合适的范围内。启动力是指飞机在飞行中,舵面开始运动时所需的操纵力。启动力包括操纵系统中的摩擦(其中包括助力器配油活门的摩擦)、预加载荷等。

⑧ 操纵系统的间隙和系统的弹性变形会产生操纵延迟现象。延迟是很危险的,因此必须使操纵系统中的环节和接头数量最少,接头处的活动间隙量小及系统应有足够的刚度。

⑨ 在中央操纵机构附近应有极限偏转角度止动器,以防止驾驶员用力过猛、操纵过量而使系统中某些部件或机体结构被损坏。

⑩ 飞机停在地面上时,为防止舵面被大风吹坏,所有舵面应用"锁"来固定。舵面锁紧系统应在飞机内部,不应采用外部锁紧装置,内锁紧装置应直接与舵面连接。为防止在起飞状态下舵面仍处于锁定状态,必须在所有舵面都开锁后油门才能打开。

任务二   主飞行控制系统

飞机的主飞行控制系统由中央操纵机构和传动系统两大部分组成。由驾驶员手脚直接操纵的部分,叫作中央操纵机构。中央操纵机构由手操纵机构和脚操纵机构所组成。

主飞行控制系统的输入位于驾驶舱(图9.2.1):

① 驾驶杆用于操纵升降舵;

② 驾驶盘用于操纵副翼和飞行扰流板;

③ 方向舵脚蹬用于操纵方向舵。

图 9.2.1　主飞行控制系统

　　注意：操纵舵面时，机下留人观察、戴耳机；操纵舵面前，注意舵面附近有无阻碍物（图 9.2.2）。

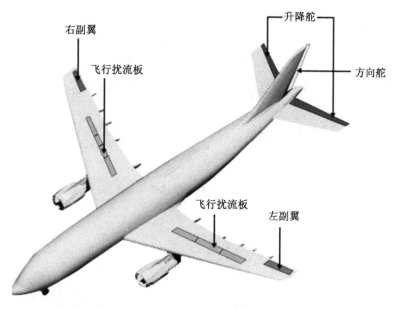

图 9.2.2　操纵舵面认知

　　在空客电传飞机中，使用侧杆操纵主飞行控制。侧杆前后移动用于操纵升降舵进行俯仰控制；侧杆左右移动用于操纵副翼和飞行扰流板进行横滚控制；方向舵控制仍然使用方向舵脚蹬。

1. 手操纵机构

（1）驾驶杆式手操纵机构

图 9.2.3 为一种驾驶杆式手操纵机构。前推或后拉驾驶杆时，驾驶杆绕着轴线 a-a 转

189

动,经传动杆 1 和摇臂 1 等构件的传动,可操纵升降舵;左右压杆时,驾驶杆绕轴线 b-b 转动,这时扭力管和摇臂 2 都随之转动,经传动杆 2 等构件的传动,即可操纵副翼。

驾驶杆式手操纵机构虽然要操纵两类舵面升降舵和副翼,但两者不会互相干扰。也就是说,单独操纵某一舵面时,另一舵面既不随之偏转,也不妨碍被操纵舵面的动作。

当驾驶杆前后运动时,扭力管并不转动,因而不会去传动副翼。驾驶杆左右摆动时,除了扭力管转动外,驾驶杆下端还要带着传动杆 1 左右摆动。因为传动杆 1 与摇臂 1 的连接点 c 位于轴线 b-b 上,驾驶杆左右摆时,传动杆沿着以 b-b 线为中心轴,以 c 点为顶点的锥面运动(图 9.2.3)。由于圆锥体的顶点 c 到底部周缘上任一点(例如 1、2、3、4、5 各点)的距离是相等的,并且 c 点采用的是可自由转动的球形接头,所以当驾驶杆左右摆动时,摇臂 1 不会绕其支点前后转动,因而升降舵不会偏转。

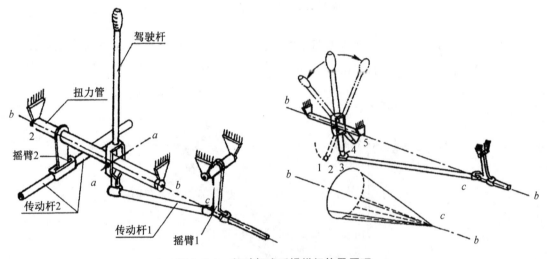

图 9.2.3 驾驶杆式手操纵机构及原理

(2) 驾驶盘式手操纵机构

图 9.2.4 为一种驾驶盘式手操纵机构。驾驶盘在操纵时,通过内部的齿轮传动装置带动驾驶杆内的一根扭力管转动,扭力管通过一个万向接头带动副翼操纵钢索轮,提供操纵副翼的信号,前推或后拉驾驶盘时,可操纵升降舵。

这种驾驶盘式手操纵机构也能保证操纵升降舵与操纵副翼时互不干扰。左右转动驾驶

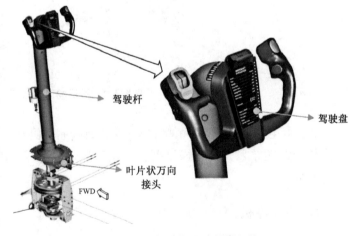

图 9.2.4 驾驶盘式手操纵机构
注:FWD 表示向前。

盘时,通过叶片状的万向接头传递扭矩,驾驶杆不动,所以,不会使升降舵偏转;而前推或后拉驾驶盘时,由于有叶片状的万向接头,副翼控制钢索轮不会转动,钢索不会绷紧或放松,所以既不会使副翼偏转,也不会影响驾驶盘的前后动作。

（3）侧杆操纵机构

所谓"侧杆"是侧杆操纵器的简称,它是一种输入力信号,输出电信号的小型侧置手操纵机构,如图9.2.5所示。

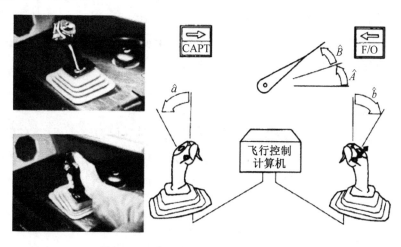

图9.2.5　电传操控系统的侧杆操控机构

2. 三种操纵机构的优缺点

对比两种手操纵机构,驾驶杆构造较简单,便于驾驶员一手操纵驾驶杆,一手操纵油门手柄,但是它不便于用增大驾驶杆倾斜角度的办法来减小操纵副翼时的杆力;驾驶盘式构造较复杂,但可通过增大驾驶盘的转角使操纵副翼省力。当然,这时使副翼偏转一定角度所需的时间要相应增长。因此,前者多用于机动性较好而操纵时费力较小(或装有助力器)的飞机,后者多用于操纵时费力较大而机动性要求较低的中型和大型飞机。

侧杆操纵机构可以代替驾驶杆(或驾驶盘)。它前后、左右摆动发出互不干扰的电信号,通过电传操纵系统使飞机产生纵向和横向运动。其具体结构、力特性与驾驶员的生理特点、操纵感觉和飞机操纵性能有关。

侧杆操纵器重量轻、空间尺寸小,改善了驾驶员观察仪表的工作条件,克服了重力加速度给驾驶员带来的困难。在操纵时,侧杆的位移和舵面偏转角一一对应,机长和副驾驶的操纵信号在舵面上产生叠加效果。

3. 脚蹬操纵机构

（1）平放式脚蹬

脚蹬操纵机构有平放式脚蹬和立放式脚蹬两种。图9.2.6所示为一种平放式脚蹬操纵机构。图 9.2.6 中的脚蹬安装在由两根横杆和两根脚蹬杆组成的平行四边形机构上。驾驶员蹬脚蹬时,两根横杆分别绕转轴 O 和 O' 转动(转轴固定在座舱底板上),经钢索(或传动杆)等的传动,使方向舵偏转。

平行四边形机构的作用是保证在操纵方向舵时,脚蹬只作平移而不转动(如图 9.2.6 中双点划线所示),以便于驾驶员操纵。

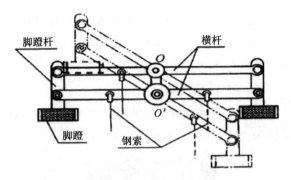

图 9.2.6　平放式脚蹬操纵机构

(2) 立放式脚蹬

图 9.2.7 为两种立放式脚蹬操纵机构。前者的转轴在脚蹬之上,后者的转轴(a-a 和 b-b 轴)在脚蹬之下。蹬脚蹬时,它们都是通过传动杆和摇臂等构件的传动而使方向舵偏转的。同时,由于传动杆和摇臂等的连接,左右脚蹬的动作是协调的,即一个脚蹬向前时,另一个脚蹬向后。

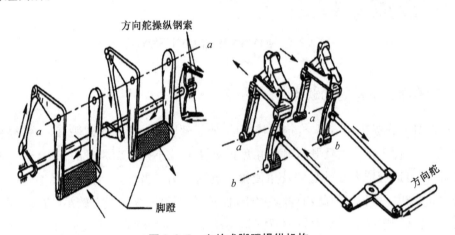

图 9.2.7　立放式脚蹬操纵机构

(3) 脚蹬其他装置

脚蹬操纵机构除了上述基本组成部分还有一些其他设备,主要有:

① 脚蹬前后位置的调整设备,通过它可以调整脚蹬的前后位置,以适应不同身材驾驶员的需要。

② 驾驶杆(盘)和脚蹬的限动装置,限制驾驶杆(脚蹬)的最大活动范围,从而控制舵面的最大偏转角以符合规定,凡是可以调整的限动装置应在调整好的位置上,保证确实锁紧,或用保险丝保险。为了防止可能因错误调整或错误装配而使舵面的偏转角超过规定而产生危险,在舵面附近也应有限动装置。

4. 两种脚蹬操纵机构的对比

平放式脚蹬操纵机构,为了取得较大的操纵力臂,两脚蹬之间的距离较大;立放式脚蹬操纵机构则是通过增长与脚蹬连接的摇臂来获得足够的操纵力臂的,两脚蹬之间的距离可以做得较小。所以,前者多与左右活动范围较大的驾驶杆式手操纵机构组合,后者则多与驾驶盘式手操纵机构组合。

任务三　辅助飞行控制系统

辅助飞行控制系统用来改变飞机的升力、阻力并完成飞机配平,包括增升装置、扰流板、配平系统。

辅助飞行控制系统的控制输入位于驾驶舱操纵台(图9.3.1):

① 减速板手柄用于操作减速板;

② 襟翼手柄用于操作襟翼,也用于操作前缘装置;

③ 俯仰配平手轮用于操作水平安定面;

④ 通过副翼配平电门,可以改变副翼的中立位置,以调节飞机绕纵轴的不平衡;

⑤ 通过方向舵配平电门,可以改变方向舵的中立位置,以调节飞机绕立轴的不平衡。

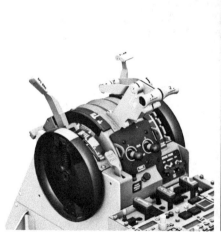
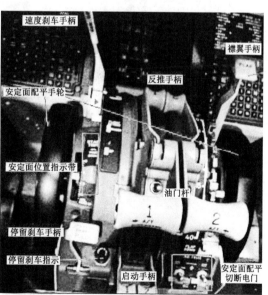

图 9.3.1　驾驶舱操纵台

1. 增升装置

增升装置包括前缘装置(前缘襟翼、缝翼)和后缘装置(一般为后退式开缝襟翼)

（图 9.3.2、图 9.3.3、图 9.3.4）。襟翼是一种翼面形可动装置,安装在机翼后缘或前缘,可向下偏转、向后(前)滑动,也被称为增升装置。襟翼可分为后缘襟翼、前缘襟翼(图 9.3.5)。基本功用是在飞行中增加升力。

在工作中,前缘装置和后缘装置相配合,由襟翼手柄控制,根据飞机状态收起、伸出,而伸出位又分为起飞位置和着陆位置,如图 9.3.2 所示。

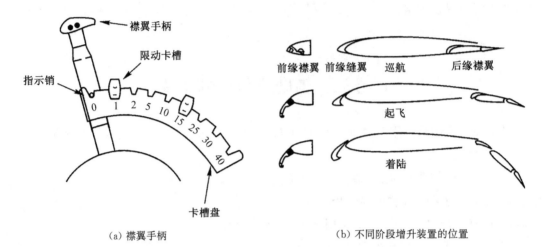

（a）襟翼手柄　　　　　　　　　　　　　　（b）不同阶段增升装置的位置

图 9.3.2　飞机增升装置

图 9.3.3　飞机翼面

图 9.3.4　襟翼位置

图9.3.5 襟翼分类

（1）襟翼操纵

根据增升原理，后缘襟翼在放出时，虽然起到增加升力的作用，但也导致飞机的实际迎角增大，使飞机易发生失速。为避免出现失速，前缘装置往往作为后缘襟翼的随动装置，也就是前缘装置随后缘装置工作而作动。

当襟翼放出时，前缘装置自动放出。有克鲁格襟翼、可变弧度襟翼、缝翼、下垂前缘4种不同类型前缘装置（图9.3.6）。

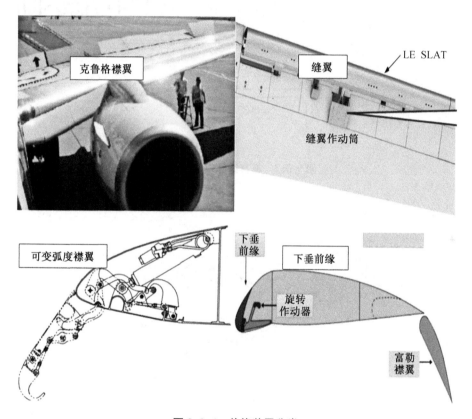

图9.3.6 前缘装置分类

图9.3.7为飞机襟翼操纵系统原理图。当正常操纵时，向后扳动襟翼控制手柄，通过传动钢索、扇形轮和传动杆等机构，操纵襟翼控制活门偏离中立位置，将系统液压引到液压马达。液压马达转动，通过扭力管向襟翼传递扭矩。转换机构将沿翼展方向的转动信号转换为沿飞机纵轴方向的转动信号，通过丝杆螺帽，再将转动信号转换为沿纵轴向后的运动，从而推动后缘襟翼放出（襟翼驱动装置见图9.3.8）。

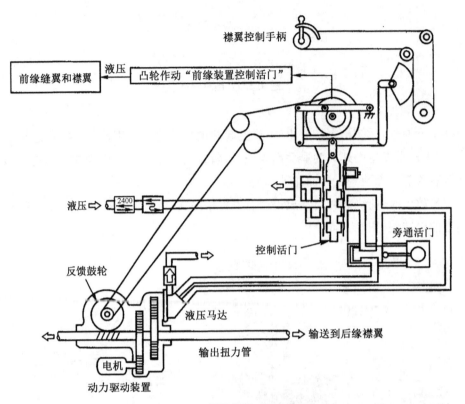

图 9.3.7　襟翼操纵系统原理图

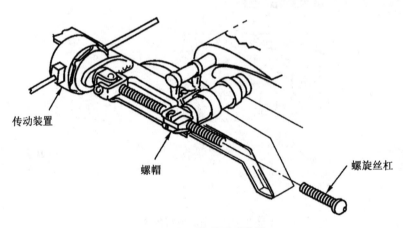

图 9.3.8　襟翼驱动装置

在输出扭力管转动的同时，反馈鼓轮将扭力管的输出信号反馈到输入端的凸轮。其中一个凸轮通过传动杆，作动襟翼控制活门，使其向中立方向运动。当后缘襟翼到达预定位置后，襟翼控制活门返回中立位置，供往液压马达的油液被切断，液压马达停止转动，操纵过程结束。此时，后缘襟翼停在预定位置。

反馈鼓轮的反馈信号通过反馈钢索,同时带动另一个凸轮,该凸轮可作动前缘装置的控制活门。前缘装置控制活门可将液压引到前缘装置作动筒,从而使前缘襟翼和缝翼放出。由以上控制可看出,前缘装置的位置是由后缘襟翼位置所决定的。

当采用备用方式工作时,应通过备用襟翼电门操纵襟翼收放。首先,应使旁通活门处在旁通位,防止在传动过程中液压马达产生液压锁紧,该操作通过将备用襟翼电门操纵到位实现;然后,操纵备用机翼电门到位,电机转动,驱动输出扭力管转动,从而驱动襟翼放下。

（2）襟翼保护

① 不同步保护

由于后缘襟翼放出的角度大,如果放出时左右两侧襟翼放出角度不同,出现不同步,则襟翼操纵系统会自动切断襟翼的工作,防止不同步的进一步扩大。不同步保护一般仅在正常工作方式下发挥作用。

② 过载保护

在襟翼驱动机构中设置了襟翼载荷限制器,用于保护襟翼结构,防止过大的气动载荷损伤襟翼。当后缘襟翼处于完全放出位置时,如果某时刻的空速突然超过预定值,后缘襟翼会自动收进一个稍小的角度,防止襟翼结构承受过大的气动载荷。

（3）襟翼位置指示

不同的飞行状态下飞机需要的升力不同,机组需要实时控制机身两侧的襟翼的偏转,所对应的襟翼手柄位置也不同。图9.3.9为不同状态下襟翼手柄的位置。

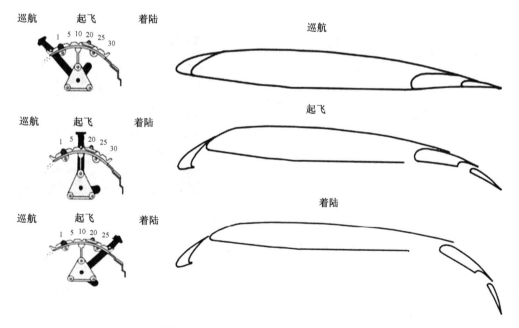

图 9.3.9　不同状态下襟翼手柄的位置

驾驶舱内的襟翼位置指示器实时显示襟翼位置,方便工作人员及时掌握襟翼状态,如图 9.3.10 所示。

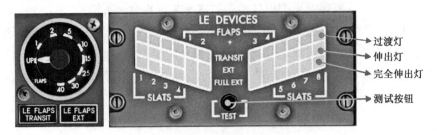

图 9.3.10　襟翼位置指示器

当前缘襟翼、缝翼在收上位置时,所有灯熄灭;当前缘装置移动时,过渡灯亮;当前缘装置移动到伸出位置时,伸出灯亮;当前缘缝翼在完全伸出位置时,完全伸出灯亮。在前缘装置指示器面板上有一个测试电门,当按压该电门时,所有指示灯亮。

2. 扰流板

扰流板的作用是帮助副翼进行绕纵轴的飞机操纵,它也可作为减速板在飞机着陆或中断起飞期间降低升力并增加阻力。民航飞机在每侧机翼上表面装有多块扰流板,包括地面扰流板和飞行扰流板,扰流板在工作时均向上升起,如图 9.3.11 所示。

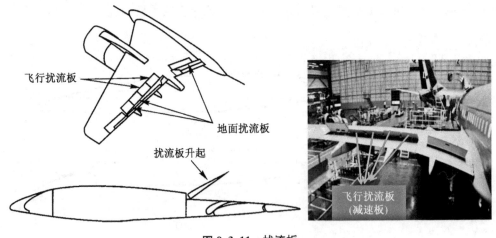

图 9.3.11　扰流板

为了提高飞机相对于其纵轴的操纵效率,扰流板应远离该轴布置,通常放在外侧襟翼前面,以增大力矩的力臂;而减速板则布置在内侧襟翼前面,在减速板不对称偏转时可减小力矩的力臂。

（1）地面扰流板

地面扰流板只能在地面上起减速作用,其通常只有两个位置:立起位和放下位。因此作动装置为普通双向单杆液压作动筒。当飞机在空中时,空/地电门将地面扰流板内部锁活门置于空中位(图 9.3.12),切断供向扰流板作动筒的油液压力,将扰流板锁定在放下位;当飞机落地后,空/地电门将扰流板内部锁活门切换到地面位,使地面扰流板可在地面完全放出,从而卸除机翼的升力,提高刹车效率,增大阻力,从而缩短飞机着陆滑跑距离。

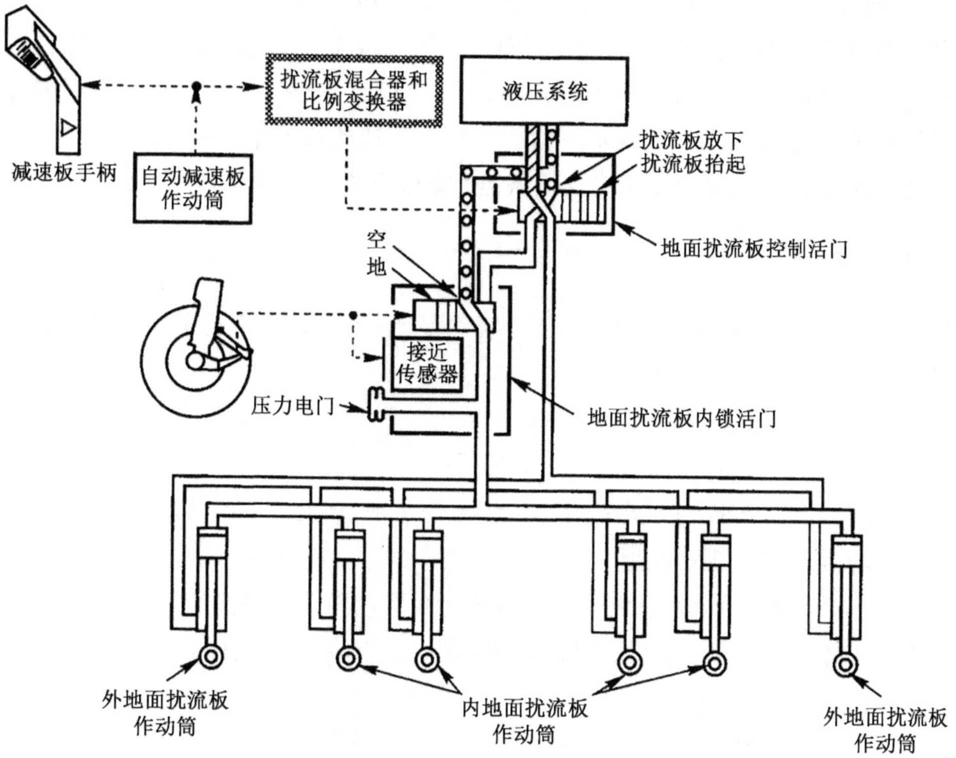

图 9.3.12　地面扰流板操纵

(2) 飞行扰流板

飞行扰流板既可在地面使用,也可在空中使用,其既可减速,也可以协助副翼完成滚转操纵,这种设计可以提高飞机横侧操纵效能,并能防止副翼反效。飞行扰流板可以在多个位置工作,所以一般采用液压伺服系统。飞行扰流板的功能如下:

① 飞机减速

飞机减速是通过操纵减速手柄实现的,减速手柄位于中央操纵台左侧。如果在地面操纵减速手柄,所有扰流板放出;如果是在空中操纵减速手柄,左右侧飞行扰流板同时放出。空中减速时,减速板手柄的机械信号会输送到混合器,由混合器通过钢索再传送到飞行扰流板,左右侧的飞行扰流板同时放出,进行空中减速。

当在空中减速时,扰流板也可以辅助副翼进行横侧操纵。在空中减速时,提起减速手柄向后扳动,左右侧的飞行扰流板同时放出,如果此时驾驶盘转动角度超过预定值,飞行扰流板仍可以配合副翼进行横侧操纵。此时,减速手柄的信号和配合副翼横侧操纵的信号都被输送到混合器,混合器将两种信号叠加,然后输送到飞行扰流板。

② 配合副翼操纵

副翼操纵系统可在飞行时对飞行扰流板进行操纵,使飞行扰流板配合副翼完成滚转操纵。以飞机向左滚转操纵为例:当驾驶员向左转动驾驶盘时,左副翼向上偏转,右副翼向下偏转,使左机翼的升力减小,右机翼升力增大,飞机绕纵轴向左侧滚转。当驾驶盘转动超过一定角度时,左侧飞行扰流板放出,使左机翼升力进一步减小,增加飞机滚转力矩。在操纵过程中,副翼上偏一侧的飞行扰流板打开,从而配合副翼操纵飞机绕纵轴向左侧滚转。当驾驶盘转动角度较小时,飞行扰流板不放出。当向右转动驾驶盘超过一定角度时,会使右侧飞行扰流板放出,配合副翼操纵飞机绕纵轴向右侧滚转。

3. 配平系统

配平系统主要用于补偿飞机的不平衡状态(绕飞机轴线的力不均衡),确保飞机飞行的稳定性。

配平系统的功能包括:

① 通过可配平水平安定面来实现俯仰配平;

② 通过操控驾驶杆控制副翼来实现横滚配平(驾驶杆如图 9.3.13 所示);

③ 通过方向舵来实现偏航配平。

俯仰操纵必须有一个足够大的专用舵面进行配平,也就是水平安定面。

俯仰配平操纵使用安定面配平控制电门控制电动作动器(驾驶杆的外侧)。

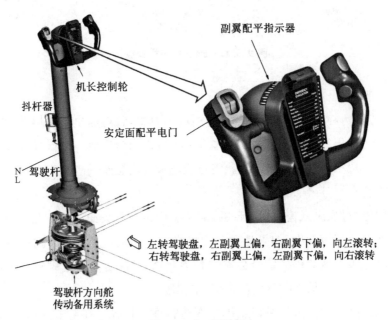

图 9.3.13 驾驶杆

配平控制电门为安定面配平作动器马达提供电动输入。马达工作并驱动齿轮箱和安定面丝杠,丝杠驱动安定面移动。

如果主电动配平失效（电配平作动筒故障），可通过安定面配平手轮进行人工俯仰配平操纵，手轮位于操纵台两侧。操纵安定面配平手轮带动前钢索鼓轮的链条，前钢索鼓轮通过钢索带动后钢索鼓轮（图 9.3.14）。

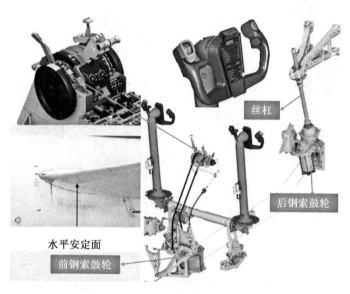

图 9.3.14　操纵原理

马达工作并驱动齿轮箱和安定面丝杠，丝杠驱动安定面移动。检查时可通过机身后部安定面接进舱进行维护，如图 9.3.15 所示。

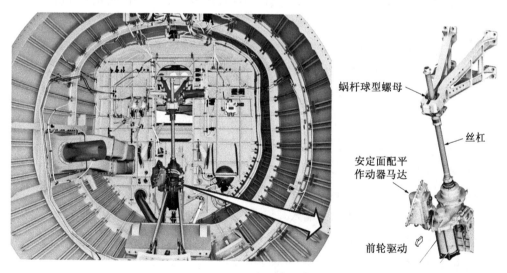

图 9.3.15　安定面接进舱

安定面组件由三部分组成：中央部分、左部分以及右部分（图 9.3.16）。安定面位置指示包括：配平手轮旁带有指针的刻度、中央操作台上的移动刻度以及靠近水平安定面前缘机身上的刻度。

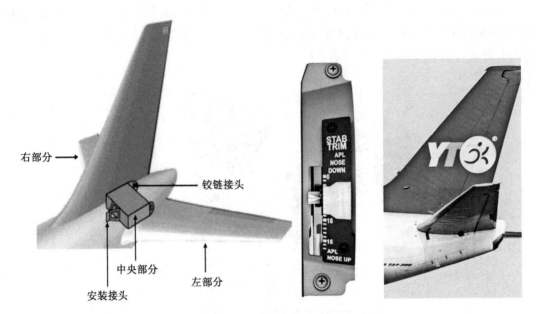

右部分 →

铰链接头

中央部分

左部分

安装接头

图 9.3.16　安定面组件

现代大中型民航飞机纵向尺寸大,飞行中重心纵向位移量大,如果重心偏前或偏后量过大,单靠升降舵是不能完全实现纵向操纵的。因此,大多数飞机的水平安定面的安装角是可调节的。

飞机在起飞之前应根据飞机的载重和平衡情况进行水平安定面的配平,即必须把水平安定面调节到"起飞"(绿区)位置,以保证飞机在起飞过程中的纵向操纵能正常进行。

(1)水平安定面配平输入

水平安定面的配平操纵系统如图 9.3.17 所示,系统包括三种输入形式:

① 人工操纵(安定面配平手轮)

驾驶员使用安定面配平手轮进行人工俯仰配平操纵,手轮在操纵台两侧。安定面配平手轮的操纵带动驱动前钢索鼓轮的链条,前钢索鼓轮带动与后钢索鼓轮相连的钢索;当后钢索鼓轮运动时,驱动齿轮箱、丝杠,调整安定面角度。

② 电动配平(安定面配平控制电门)

驾驶员使用安定面配平控制电门进行俯仰配平操纵。配平电门安装在驾驶盘的外侧,给安定面配平作动器马达提供电力输入,马达工作并驱动齿轮箱和安定面丝杠。

在电动配平操纵期间,如果驾驶员输入一个相反方向的升降舵操纵,驾驶杆电门组件使安定面电动配平停止。

③ 自动驾驶操纵

自动驾驶仪给安定面配平马达提供电动输入。安定面位置传感器给自动驾驶仪提供安定面位置信号。

以上三种输入的优先权是不同的:人工操纵的优先权最大,自动操纵的优先权最小。

（2）水平安定面指示

水平安定面的配平指示器（图9.3.17）用于指示水平安定面的位置。起飞前要将水平安定面配平到"起飞"（绿区）范围内，具体位置要根据飞机的装载确定。

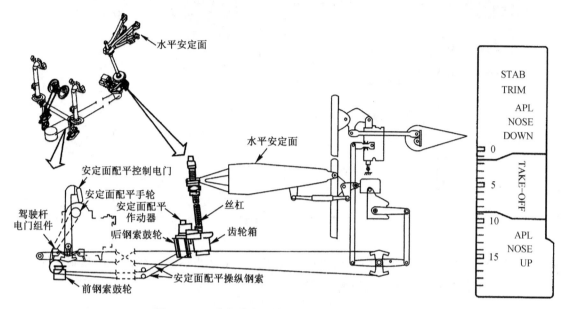

图9.3.17　水平安定面的配平操纵系统及配平指示器

任务四　失速和警告系统

飞机飞行操纵警告系统在潜在危险发生前，提前警告驾驶员，从而避免事故发生。飞机飞行操纵警告系统分为起飞警告系统和失速警告系统两种。

1. 起飞警告系统

安装起飞警告系统的作用是：当飞机起飞时，若某些飞行操纵组件不在正确位置，系统会向驾驶员发出一个音响警告信号。

当飞机在地面时，任一油门杆前推，发生下列任一情况都会触发起飞警告（图9.4.1）：

① 减速板手柄未在"放下"位；

② 停留刹车没松开；

③ 前缘襟翼未放出；

④ 后缘襟翼不在起飞位（后缘襟翼伸出位不对）；

⑤ 水平安定面指针不在"起飞"（绿区）范围内。

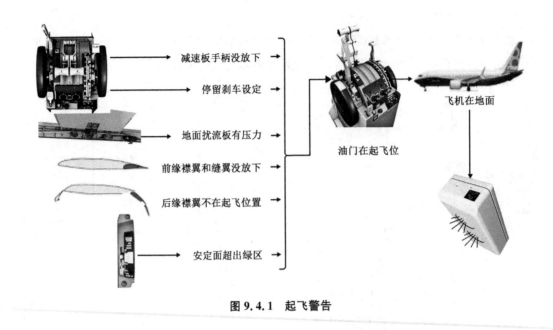

图 9.4.1　起飞警告

起飞警告为间歇性的喇叭鸣响,切断电门也不能消去喇机声。只有将飞行控制组件置于适当位置或油门杆均收回才能使喇机声音停息。

2. 失速警告系统

失速警告指的是临近或达到最大可用升力(飞机接近失速状态)时的警告。对于警告刺激,驾驶员只能通过人的感官来感受,可供选择的是视觉、听觉和触觉。一般飞机上多装音响警告和驾驶杆抖动器。失速警告系统包括输入信号、信号处理和输出警告三部分(图 9.4.2)。下面对这三个部分展开介绍:

(1) 输入信号

迎角探测器用来探测安装部位处(装在机身外侧)的气流方向,并将该处气流角度的变化情况以成比例的电信号传输给失速管理计算机。迎角探测器的型式有几种,目前多用叶片式迎角探测器。

飞机在飞行中因为飞机失速迎角与飞机姿态、气动外形的变化有关,所以除了迎角信号以外,还需把缝翼、襟翼位置信号及空/地转换信号也输入到失速管理计算机。

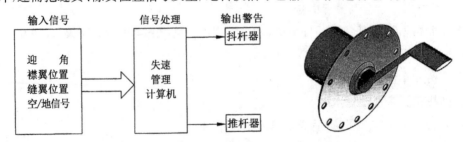

图 9.4.2　失速警告系统组成与叶片式迎角探测器

（2）信号处理

失速管理计算机接收输入的信号后，作综合比较，输出电信号，经过控制放大器和解调器，再经过驱动放大器，驱动抖杆器和推杆器。

（3）输出警告

① 抖杆器

抖杆器接收来自失速管理计算机的信号，它是一个电动机带动的不平衡重块（固定在驾驶杆上，见图 9.4.3）。当有信号时，电动机启动使驾驶杆抖动。其频率和振幅应配合，如频率过低，即使振幅相当大也提供不了足够刺激；如频率过高，结果会引起"嗡鸣"，振幅不明显。最适当频率为 10～30 次/s，并要有足够的振幅，才能使杆抖动。

② 推杆器

推杆器用于自动恢复操作。在飞机接近失速时，自动推杆（推杆的力量，典型数值大约为 36 kg）。在推杆器工作时，这样大的力量足以抑制驾驶员有意拉杆，在推杆器失控的条件下，该力量也不至于大到飞行员不能稳住杆，飞机机头自动下俯，防止失速。

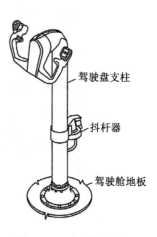

驾驶盘支柱

抖杆器

驾驶舱地板

图 9.4.3 驾驶杆抖杆器安装位置

另外，有些飞机失速警告系统采用自动缝翼系统，防止飞机进入失速状态。在飞机接近失速状态时，如果此时前缘缝翼位于部分伸出位置，自动缝翼控制系统会自动驱动前缘缝翼，由部分伸出位置到完全伸出位置，提高飞机升力，防止发生失速。

任务五 飞行控制系统部件

进行飞行控制系统部件操作时，会对副翼、升降舵、方向舵、扰流板等其他飞行组件进行液压增压，需确认已对其他不需工作的飞控部件进行了限动，否则，可能造成部件损坏和人员损伤。在地面操作舵面时，在舵面附近必须有监控人员监控舵面运动，防止造成部件损坏和人员损伤。

液压系统会对副翼、升降舵、方向舵、扰流板等其他飞行组件增压，确认已对其他不需工作的飞控部件进行了限动，否则，可能造成部件损坏和人员损伤。

在地面操作舵面时，在舵面附近必须有监控人员监控舵面运动，防止造成部件损坏和人员损伤。

飞行控制舵面包括以下部分，如图 9.5.1 所示：

① 副翼 提供绕纵轴的横滚控制；

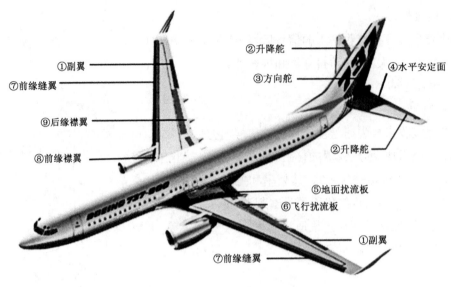

图 9.5.1　飞行控制舵面

②　升降舵　　提供绕横轴的俯仰控制；

③　方向舵　　提供绕立轴的方向控制；

④　水平安定面　　控制飞机俯仰姿态稳定；

⑤　地面扰流板　　仅在地面升起,起减速作用；

⑥　飞行扰流板　　用于空中减速或协助副翼横滚,也可用于地面减速；

⑦　前缘缝翼　　在飞机起飞和降落阶段起增升作用；

⑧　前缘襟翼　　用于飞机起飞和降落阶段,增加机翼面积和弯度,以此增加飞机升力。

⑨　后缘襟翼　　在起飞阶段起增升作用,降落阶段起增升增阻作用；

驾驶舱操纵控制包括以下部分,如图 9.5.2 所示：

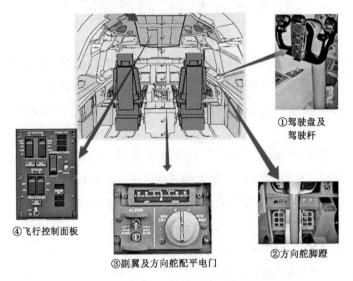

图 9.5.2　驾驶舱操纵控制

① 驾驶盘及驾驶杆　驾驶盘控制副翼及飞行扰流板实现飞机横滚,驾驶杆控制升降舵实现飞机俯仰;

② 方向舵脚蹬　通过左右脚分别踩脚蹬实现飞机偏航控制;

③ 副翼及方向舵配平电门　副翼配平电门和配平作动筒使飞行员配平不需要的驾驶盘力,方向舵配平控制钮和配平作动筒可让机组除掉不需要的方向舵脚蹬力;

④ 飞行控制面板　飞控面板上有如下电门和告诫指示灯:飞行操纵电门、飞行操纵低压灯、飞行扰流板电门、偏航阻尼器电门和警告灯。

任务六　常见飞行操控系统维护工作介绍

操纵系统的工作是否符合要求,与维护工作的质量紧密相关。本部分根据操纵系统的工作特点,如何介绍防止系统摩擦力过大、防止系统间隙过大、保持钢索张力正常和调整操纵系统等内容。

1. 防止系统摩擦力过大

操纵系统的摩擦力应尽可能小,并且在操纵过程中摩擦力要均匀,也就是没有忽大忽小的现象。这是因为摩擦力过大或不均匀,会使驾驶员在操纵时得不到真实的感觉,并影响操纵动作的准确。

造成操纵系统摩擦力过大的原因大致有如下几点:

(1) 活动连接接头表面不清洁或润滑不良而造成锈蚀

活动连接接头(主要是轴承)润滑后,不仅能直接减少磨损,而且在零件表面形成了一层油膜,还能起防锈作用。如果润滑不良、连接接头不清洁或者有水分,就会使活动接头生锈,以致活动接头的摩擦力增大。在湿度较大的沿海地区和阴雨季节以及风沙大的高原地区,应特别加强操纵系统的清洁和润滑工作。在大城市和工作区附近,也需注意这一点,因为这些地区烟煤较多,烟煤中的二氧化硫、二氧化碳等遇到水分会产生酸性物质,也容易引起零件锈蚀。此外,连接接头润滑不良,会在传动中产生干摩擦,也会使操纵系统的摩擦力过大。

(2) 活动连接接头固定过紧

操纵系统中活动连接接头的螺帽拧得过紧会导致接头的摩擦力过大。因此,安装这些接头时,螺帽拧紧的程度,应以螺杆没有轴向间隙而连接接头又可以灵活转动为宜。

(3) 传动机构(传动杆、钢索等)和飞机其他部分发生摩擦

传动杆、钢索等和飞机其他部分发生摩擦时,不仅影响操纵,而且还会磨损摩擦部位。传动机构与飞机其他部分发生摩擦的原因,主要是两者的间隙过小。例如,曾经发现某型

号飞机副翼操纵系统的传动杆与座舱内加温导管之间的间隙太小,在地面检查时,两者并未接触,但在飞行中由于加温,导管受热变形,传动杆便与加温导管发生摩擦。所以,在维护工作中必须保持传动机构与飞机其他部分有一定的间隙。这个间隙应满足在操纵系统的最大活动范围内,传动机构各构件与飞机其他部分不发生摩擦;而飞机其他部分在任何工作情况下(如机体受力变形、附件在工作中膨胀或振动等),也不影响操纵系统的正常工作。

(4)传动机构本身摩擦力过大

例如,传动杆与导向滑轮之间的摩擦力过大,钢索与滑轮之间有相对滑动,都会使系统的摩擦力过大。此外,传动杆、钢索穿过气密装置时的摩擦力,对系统的摩擦力也有显著的影响。

每一种飞机的操纵系统,允许的最大摩擦力都有具体规定。摩擦力的数值可以通过舵面开始偏转时所需的杆力来测量。如果发现系统的摩擦力过大,应及时检查和排除。

2. 防止系统间隙过大

为了保证操纵灵活,操纵系统各活动接头都有一些间隙,因而整个操纵系统也就有一定的间隙。但是,如果间隙过大,驾驶员操纵驾驶杆和脚蹬时,在开始的一段行程内,舵面不会随着偏转,即驾驶杆和脚蹬会有一段空移行程;同时,由于驾驶杆和脚蹬的最大活动角度是一定的,间隙过大还会使舵面达不到规定的最大偏转角。此外,系统间隙过大,舵面就有较大的自由活动范围,容易引起舵面振动。因此,维护工作中必须经常注意检查并保持操纵系统的间隙正常,这对机动性能要求很高的高速飞机尤其重要。

活动连接接头上的轴承与螺杆磨损,以致螺杆与轴承之间的径向间隙增大,是造成操纵系统间隙过大的主要原因之一。因此,定期清洗轴承,保持其良好的润滑,也是防止系统间隙过大的一项重要工作。此外,如果传动杆上固定接头用的铆钉松动,也会引起操纵系统间隙过大,所以也应注意检查传动杆的接头。

系统间隙可以这样测量:将驾驶杆和脚蹬固定住,在舵面上规定的部位加一定的力量,测量舵面后缘相对于不动部分移动的距离。如果测量出的距离不符合规定数据,应及时找出间隙过大的部位,并加以排除。

3. 保持钢索张力正常

操纵系统中的钢索都有一定的预加张力。如果钢索的预加张力不足,不仅会使弹性间隙过大,而且钢索松弛时,它与滑轮之间会产生相对滑动,因而还容易被磨损。但是,钢索的预加张力也不能太大,因为预加张力太大,钢索要经常承受过大的载荷,容易断丝;而且钢索对滑轮的径向压力很大,因而滑轮转动时的摩擦力也很大,驾驶员操纵起来比较费力。

气温变化时,钢索的预加张力会随之变化。因为机体材料大多是铝合金的,它的线膨胀系数比钢索大,当温度变化时,它们的伸缩程度不同,钢索的预加张力也就随之变化。例如,当飞机飞到高空时,大气温度显著降低,由于机体比钢索收缩得多,钢索就会变松,预加张力就要减小。为了保证钢索的预加张力,让钢索张力在遇到的最低气温条件下也不致降低到不允许的程度,必须知道各种飞机在不同的气温条件下钢索应有的预加张力,也就是钢索应有的预加张力随气温变化的规律。调整好了的钢索在使用一段时间后,由于经常承受拉力,产生永久变形,其预加张力会逐渐变小。所以在维护工作中,必须按照规定对其进行定期地检查和调整。

可以用张力计测定一根钢索的张力值,在正确维护和使用情况下,张力计的精度可达98%。钢索的张力是通过测量使钢索位移所需要力来测定的:被测钢索放在两个铁砧之间,用一个顶块或柱塞顶压钢索以产生位移。

图9.6.1为一种典型的张力计。测量时,将扳机扳下,把被测钢索放在两铁砧下,然后关上扳机(向上抬)。扳动扳机驱动顶块,顶块垂直推动钢索到铁砧下的两个加点处,推动钢索的力由刻度盘上的指针显示。不同直径的钢索对应使用不同号码的顶块,每个顶块都标有号码,可以很容易地放入张力计中。

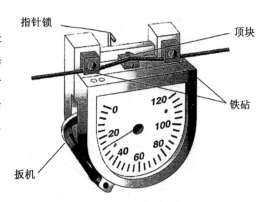

图9.6.1　钢索张力计

注意:当记录数据时,很难看到刻度盘,因此张力计上有一个指针锁,它可锁住指针,然后在取下张力计后读取数据,读数后打开锁,此时指针回零。

每个张力计有一个张力换算表(见表9.6.1),用来把刻度数换算成磅数。刻度盘的读数换算过程如下:用2号顶块测量直径5/32 in的钢索张力,读数是"30",得钢索的实际张力是70 lb(1 lb≈0.453 6 kg),注意1号顶块用来测量1/16、3/32和1/8 in的钢索。因为此张力计不是用来测量7/32和1/4 in钢索的,故表中3号顶块一栏中无数据。

表9.6.1　钢索张力换算表

1号顶块			张力/lb	2号顶块		3号顶块	
1/16 in	3/32 in	1/8 in		5/32 in	3/16 in	7/32 in	1/4 in
12	16	21	30	12	20		
19	23	29	40	17	26		
25	30	36	50	22	32		
31	36	43	60	26	37		
36	42	50	70	30	42		
41	48	57	80	34	47		
46	54	63	90	38	52		
51	60	69	100	42	56		
			110	46	60		
			120	50	64		

钢索张力校装图(图 9.6.2)是用来调整温度变化对钢索张力的影响。它可以用来确定飞行操纵系统、起落架系统或其他钢索传动系统中的钢索张力。使用这个图时,首先要选择被校定的钢索直径和周围的环境温度。

假设是直径 1/8 in,7×19 的钢索,且周围的环境温度是 85 ℉。在 85 ℉下,沿 85 ℉线向上直到与 1/8 in 的钢索曲线相交于一点,从相交点作一水平线直到与图的右边相交,该点数值可确定钢索的张力(单位为磅)。此例钢索的张力值为 70 lb。

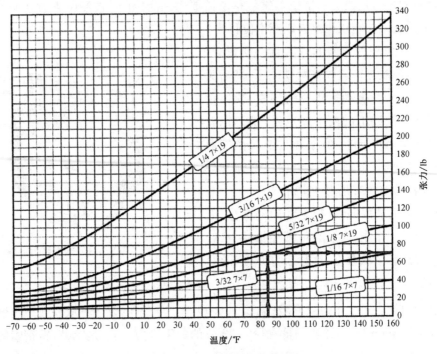

图 9.6.2 钢索张力校装

4. 调整操纵系统

驾驶杆、脚蹬和各舵面的活动范围是否合乎规定,直接影响飞机的操纵性,同时也影响飞机平衡。对于安装、调整好了的操纵系统,在使用中,上述活动范围一般是不容易改变的。但在更换操纵机构和传动机构或拆装机翼、尾翼等大部件以后,可能因限动钉位置或传动机构长度发生变化而引起驾驶杆、脚蹬和各舵面的活动范围变大或变小。这时就必须对其进行检查和调整。

调整操纵系统的要求是:驾驶杆、脚蹬在中立位置时,舵面也应在中立位置;驾驶杆、脚蹬到达最大行程时,舵面也应到达规定的最大偏转角。如果驾驶杆、脚蹬的中立位置与舵面的中立位置不相适应,则它们的最大行程和最大偏转角也可能不一致。因此调整时,应先调整好中立位置,然后再调整最大活动范围。舵面前的固定翼变形或安装角的改变都会影响舵面中立位置和最大偏转角的测量。在这种情况下,应先进行飞机的水平测量。当系统调整结束后,再进行同步运动的检查。

当对舵面的移动范围进行测试时,所有的控制必须在驾驶舱中完成,不能直接扳动舵面。在对舵面进行检查过程中,要确保当输入控制装置碰到止动装置时,传动链条、钢索等传动装置还未到达它们的极限位置;当系统采用双重控制时,确保进行两输入操作时,系统必须同步动作,且性能令人满意。

5. 测量舵面位移的工具

测量舵面位移的工具主要包括量角器、校装夹具、外形模板和直尺,这些工具在校装飞行操纵系统时用来保证舵面的正确行程。

(1) 量角器

量角器是以度数为单位测量角度的工具,有许多种类型的量角器被用来测量飞机的操纵面的移动行程。万能螺旋桨量角器是一种用于测量副翼、升降舵或襟翼行程的量角器,如图9.6.3所示。

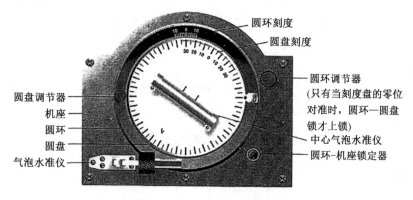

图9.6.3 万能螺旋桨量角器

这种量角器由机座、圆盘、圆环和两个气泡水准仪组成。圆盘和圆环可以在机座上相互独立地转动,机座上的气泡水准仪可以在测量螺旋桨桨叶角度时,将机座放置在垂直位置上,中心气泡水准仪用来测量舵面移动量时给圆盘定位。圆盘对圆环的锁定器可以在当圆环游标刻度显示为零度并且圆盘刻度对准零度时将圆盘和圆环固定在一起。圆环对机座的锁定器可以防止圆环在圆盘转动时跟着动。注意,它们在同一点开始,但向相反的方向转动,圆环上标有双重的10等分游标刻度尺。

利用量角器测量操纵面位移的程序如下:

① 调节圆盘调节器,利用在深槽中的圆环—圆盘锁将圆盘与圆环锁紧;

② 把操纵面移动到中立位置,将量角器放到操纵面上,并转动圆环调节器,使中心气泡水准仪中的气泡处于中心位置(圆环必须与机座松开);

③ 用圆环—机座锁将圆环锁定在机座上;

④ 把操纵面转到运动极限处;

⑤ 松开圆环—圆盘锁;

⑥ 装动圆盘调节器,使中心气泡水准仪的气泡处于中心位置;

⑦ 在圆盘上读出操纵面移动的读数,在游标刻度尺读出小数部分。

（2）校装夹具和外形模板

校装夹具和外形模板是飞机制造厂为测量操纵面的位移而设计的专用工具,在校装夹具或模板上的刻度标明了操纵面所需的行程。

（3）直尺

在许多情况下,飞机制造厂以度（°）或英寸（in）或厘米（cm）为单位给出特定操纵面的行程。如果行程以英寸或厘米的形式给出,可以用直尺测出行程（in 或 cm）。

6. 安全预防措施

① 确保作动舵面的行程范围内没有人员和设备,以减少人员受伤及舵面受损的风险,确保飞控舵面行程范围内无障碍物;

② 安装相应的安全装置,如在驾驶舱飞控操作手柄上挂警告牌,防止误操作;

③ 在扰流板作动机构上安装安全装置,以防止伸出的扰流板意外收回,手柄和舵面的实际位置需保持一致;

④ 执行机构或多个舵面工作时,应在驾驶舱控制手柄及相关设施上挂警告牌,维修时做好相应舵面的限动,在电门和手柄上挂好警告牌;

⑤ 驾驶舱操作人员和地面工作人员之间应保持通畅的联络。

7. 维修工作单

维修工作单

1. 飞机由外接地面电源或 APU 供电。
2. 飞机 A、B 主液压系统增压。
3. 舵面附近已清场,无障碍物。
4. 驾驶舱人员和地面人员建立有效联络。

维修工作单

❶ 副翼操作

横滚操作：顺时针或逆时针转动驾驶舱驾驶盘,副翼一边向上,一边向下,控制飞机横滚。

❷ 升降舵操作

推拉驾驶杆,两边升降舵同时向上或向下运动控制飞机俯仰。

❸ 方向舵操作

踩方向舵脚蹬,左脚踩,方向舵左偏;右脚踩,方向舵右偏。

维修工作单

前后缘襟翼的操作如下：

❶ 正常方式操作（B系统液压控制）

襟翼手柄放至相应位置，确认前后缘运动至襟翼手柄指令位置。

❷ 备用方式操作（备用液压控制）

将备用襟翼预位电门放至ARM位，备用襟翼控制电门放至DOWN位，确认前后缘运动至相应位置。

维修工作单

扰流板的操作如下：

空中向后拉速度刹车手柄至FLIGHT DETENT位，两边飞行扰流板对称升起。地面向后拉速度刹车手柄至UP位，所有扰流板对称升起至最大角度。

维修工作单

水平安定面的操作如下：

❶ 电配平操作（须上电、无须液压）

同时同方向摁压驾驶盘外侧水平安定面配平门，水平安定面位置在中控台指示。

❷ 人工操作（无须上电、液压）

人工摇水平安定面配平手枪，水平安定面位置在中控台指示。

项目练习

1. 当襟翼位置指示器上的两个指针分开，结果是（　　）。

   A. 襟翼继续由液压驱动运动 　　　　B. 襟翼自动转换为电驱动

   C. 两侧襟翼自动恢复位置平衡 　　　　D. 襟翼发生不对称故障

2. 起飞警告典型的形式为（　　）。

   A. 抖杆器 　　　　B. 推杆器

   C. 间歇的喇叭鸣响 　　　　D. 语音提示

3. 触发飞机起飞警告的可能条件是（　　）。

   A. 飞机在地面，油门杆前推，停留刹车未松开

   B. 飞机在地面，油门杆在慢车位，襟翼未放出

  C. 发动机的功率为起飞功率,飞机达到离地速度

  D. 飞机在地面,油门杆在慢车位,水平安定面不在"绿区"

4. 飞机的主操纵面是( )。

  A. 副翼、扰流板和升降舵   B. 副翼、扰流板、升降舵和方向舵

  C. 副翼、襟翼、缝翼、升降舵和方向舵   D. 副翼、升降舵和方向舵

5. 电传操纵系统与传统机械操纵系统相比,其优点是( )。

  A. 显著提高操纵系统的可靠性   B. 操纵系统的成本大幅度降低

  C. 提高系统抗电磁干扰特性   D. 有效减轻系统重量、体积

6. 当驾驶盘(或驾驶杆)前推时,飞机的正确反应为( )。

  A. 机头上仰,飞机下降   B. 机头下俯,飞机爬升

  C. 机头下俯,飞机下降   D. 机头上仰,飞机爬升

7. 现代客机副翼的配平指示通常为( )。

  A. 驾驶盘顶部的配平指示器   B. 仪表板上的配平指示灯

  C. 中央控制台上的指示器   D. 语音提示

8. 关于扰流板,下列说法中正确的是( )。

  A. 地面扰流板在一定条件下可在空中升起   B. 地面扰流板可以卸除升力

  C. 飞行扰流板不能在地面升起   D. 飞行扰流板没有增阻作用

9. 下列选项中属于增升装置的是( )。

  A. 扰流板   B. 前缘襟翼

  C. 机翼   D. 水平安定面

10. 在操纵系统中,可采用不对称机构的舵面系统是( )。

  A. 方向舵操纵系统   B. 升降舵操纵系统

  C. 副翼操纵系统   D. 襟翼收放系统

11. 当对襟翼进行备用操纵时,驾驶员控制( )。

  A. 中控台上的襟翼手柄   B. 飞行控制面板上的襟翼电门

  C. 襟翼动力装置上安装的曲柄   D. 襟翼随动钢索轮

12. 地面扰流板除了能增加阻力外,还能( )。

  A. 增加升力   B. 协助副翼完成横向操纵

  C. 卸除升力   D. 协助前轮转弯

13. 下列选项中会触发操纵杆上的抖杆器工作的是( )。

  A. 飞机重心过于靠前   B. 飞机重心过于靠后

  C. 飞机迎角临近或达到临界迎角时   D. 飞机处于高速俯冲状态

14. 飞机的主操纵面包括①副翼②升降舵③方向舵,当协调转弯时,偏转的主操纵面为( )

  A. ①②   B. ①②③   C. ②③   D. ①③

15. 飞机绕立轴转动时,(　　)。

　　A. 驾驶员蹬左侧脚蹬,方向舵向左偏,飞机向左转

　　B. 驾驶员蹬左侧脚蹬,方向舵向左偏,飞机向右转

　　C. 驾驶员蹬右侧脚蹬,方向舵向左偏,飞机向右转

　　D. 驾驶员蹬右侧脚蹬,方向舵向左偏,飞机向左转

16. 关于前缘装置工作的叙述,正确的是(　　)。

　　A. 与后缘襟翼协同放下和收上

　　B. 当后缘襟翼放下时收上,当后缘襟翼收上时放下

　　C. 对其操作与后缘襟翼分别进行

　　D. 由空地信号对其控制收放

17. 飞机失速警告系统的作用是(　　)。

　　A. 当飞机接近机翼失速条件时,向机组人员发出警告信号

　　B. 当发动机转速过小时,向机组人员发出警告信号

　　C. 当飞机进入尾旋状态时,向机组人员发出警告信号

　　D. 当飞机失去飞行动力时,向地面和周围飞机发出迫降信息

18. 飞机上的飞行操纵面是铰接的活动翼面,这些操纵面包括(　　)。

　　A. 副翼、方向舵和升降舵

　　B. 襟翼、扰流板、减速板和前缘襟翼、缝翼等

　　C. 调整片和随动片等

　　D. 包括主操纵面和辅助操纵面两大类

19. 下列选项中属于增升装置的是(　　)。

　　A. 克鲁格襟翼　　　　　B. 前缘缝翼　　　　　C. 后缘襟翼　　　　　D. 飞行扰流板

20. 关于扰流板,下列说法正确的是(　　)。

　　A. 地面扰流板只能在地面上工作

　　B. 飞行扰流板只能在空中工作

　　C. 飞行扰流板是对称工作的

　　D. 地面扰流板具有减速、减升力的作用

21. 驾驶盘往左转,飞机做(　　)运动。

　　A. 偏航　　　　　　　B. 滚转　　　　　　　C. 俯仰　　　　　　　D. 刹车

22. 铝合金结构机身,当外界温度较高时(　　)。

　　A. 钢索变松,张力变小　　　　　　　　　B. 钢索变松,张力变大

　　C. 钢索变紧,张力变大　　　　　　　　　D. 钢索变紧,张力变小

23. 在操作飞控舵面时,需注意(　　)。

　　A. 确保舵面的行程范围内没有人员和设备

　　B. 在驾驶舱飞控操作手柄上挂警告牌,防止他人误操作

C. 驾驶舱操作人员和地面工作人员之间保持通畅的联络

D. 检查舵面时,安装安全装置,防止意外收上、放出

24. 下列描述正确的是(　　)。

A. 左转驾驶盘,左副翼上偏,右副翼下偏,向左滚转

B. 踩左脚蹬踏板,方向舵向左移动,飞机围绕立轴向右旋转

C. 在地面上,踩下左右脚蹬踏板可以进行刹车操作

D. 驾驶杆向后拉,升降舵向上偏转,飞机抬头

ATA32 起落架系统部件识别及常见维护

起落架是飞机下部用于起飞降落或地面(水面)滑行时,支撑飞机并用于地面(水面)移动的附件装置。它是唯一支撑整架飞机的部件,因此它是飞机不可或缺的一部分,没有它,飞机便不能在地面移动。当飞机起飞后,可以视飞行性能而收回起落架。

任务一 认识起落架系统

1. 起落架的作用

起落架的主要作用有以下四个:承受飞机的重力;承受、消耗和吸收飞机运动时的撞击和颠簸能量;滑跑与滑行时的制动;滑跑与滑行时操纵飞机。

(1)承受飞机的重力

飞机的大部分重量都集中在主起落架上,主轮承受的重量称为主轮载荷(图 10.1.1)。过高的主轮载荷会导致飞机在很多机场无法运行。通常每个主起落架装有两个或两个以上的机轮,用来分散重型飞机的主轮载荷,从而使重型飞机可以在更多的机场运行。

图 10.1.1 空客 A330 主起落架

（2）承受、消耗和吸收飞机运动时的撞击和颠簸能量

起落架上安装有减震装置，可以在起飞、降落、滑行或被牵引拖行时抑制振动，减小飞机的受力。飞机在着陆和起飞时，地面要对飞机产生很大的冲击力和颠簸振动，对飞机的结构和安全产生很大的影响（图10.1.2）。飞机通常采用缓冲装置来减小冲击和振动载荷，并吸收撞击能量。减震器的主要作用是吸收冲击能量，使传到机体结构上的冲击载荷不超过允许值。在吸收能量过程中，减震器通过来回振荡，把吸收的撞击和颠簸能量变成热能耗散掉。

（3）滑跑与滑行时的制动

为了缩短着陆滑跑距离，主起落架机轮上装有刹车或自动刹车装置。

图 10.1.2　主起落架机轮接地瞬间

（4）滑跑与滑行时操纵飞机

前起落架安装转弯操纵机构后可以增加飞机地面转弯的灵活性。部分大型飞机的机身起落架也具备转弯功能，与前起落架协调配合，共同完成转弯。

2. 起落架的类型

起落架分为前三点式起落架、后三点式起落架、自行车式起落架、多支柱式起落架。

（1）前三点式起落架

在飞机出现的初期，曾采用过四点式起落架。后来经过实践证明，只要有三个支点，飞机就可以在地面稳定地运动，如同三角形具有稳定性一样，因此采用了三点式起落架。现在一般使用的都是前三点式的起落架，如波音737、空客320、波音757等等。

优点：

① 前三点式起落架显著提升了飞机地面运动的稳定性，滑行中不容易偏转和倒立。

② 当飞机着陆时，只用后两个主轮接地，比较容易操纵。

③ 当飞机在地面运动时，机身与地面接近平行，飞行员视界较好，同时可以避免喷气发动机喷出的燃气损坏跑道。

缺点：

① 前起落架的结构设计较难，尤其是对单发动机的飞机，其机身前部剩余的空间很小。

② 前轮会产生摆振现象，因此需要增加防止摆振的设备和措施，这又增加了前轮的复杂程度和重量。

③ 前起落架承受的载荷大、尺寸大、构造复杂，因而质量大。

（2）后三点式起落架

后三点式起落架指的是起落架的两个支点（主轮）对称地安置在飞机重心前面，第三个

支点(尾轮)位于飞机尾部。这种形式的起落架结构简单,适合低速飞机,在 20 世纪 40 年代以前得到广泛应用。现代除一些装有活塞式发动机的轻型、超轻型低速飞机外,基本不会使用这种配置形式的起落架。

优点:

① 在飞机上易于装置尾轮。与前轮相比,尾轮结构简单,尺寸、质量都较小,这种起落架的空间容易保证,易于布置和收放。

② 正常着陆时,三个机轮同时触地,这就意味着飞机在飘落(着陆过程的第四阶段)时的姿态与地面滑跑、停机时的姿态相同。也就是说,地面滑跑时具有较大的迎角。因此,可以利用较大的飞机阻力来进行减速,从而可以减小着陆和滑跑时的距离。

缺点:

① 在大速度滑跑时,遇到前方撞击或强烈制动,容易发生倒立现象(俗称拿大顶)。因此为了防止倒立,后三点式起落架不允许强烈制动,因而着陆后的滑跑距离有所增加。

② 接地瞬间,作用在主轮的撞击力将产生抬头力矩,使迎角增大,导致升力大于飞机重力,从而使飞机重新升起。速度很快地减小而使飞机再次飘落。这种飞机不断升起飘落的现象,称为"跳跃"。如果飞机着陆时的实际速度远大于规定值,则跳跃高度可能很高。飞机从该高度下落,有可能损坏。

③ 在停机、起飞、着陆滑跑时,前机身仰起,因而向下的视界不佳。

早期的飞机大部分都是后三点式起落架布置形式,现代飞机已经很少用了。

(3) 自行车式起落架

自行车式起落架,一前轮和一主轮分别置于机身下部飞机重心前后,左右机翼下各装一保护翼轮的起落装置形式。

优点:

自行车式起落架的两个主轮都在机身轴线上,飞行时直接被收入机翼内,只在左右机翼下各装一个较小的辅助轮。

缺点:

① 前起落架承受的载荷较大,而使尺寸、质量增大。

② 起飞滑跑时不易离地而使起飞滑跑距离增大。

③ 不能采用主轮刹车的方法,必须采用转向操纵机构实现地面转弯等。

除非不得已,一般不采用自行车式起落架。仅有少数飞机采用这种起落架布局形式,如英国的"海鹞"垂直起降战斗机等。

(4) 多支柱式起落架

多支柱式起落架布置形式与前三点式起落架类似,飞机的重心在主起落架之前,但其有多个主起落架支柱,一般用于大型飞机上。如波音 747 旅客机、C - 5A 军用运输机(起飞质量均在 350 t 以上)以及苏联的伊尔86 旅客机(起飞质量为 206 t)。显然,采用多支柱、多机轮可以减小起落架对跑道的压力,增加起飞着陆的安全性。

多支柱式起落架类似第一类的前三点式起落架式,飞机的重心也在主轮之前。不同的是,其主轮比前三点式起落架的主轮要多,一般为三组主轮或者更多。这种结构的起落架适用于大型飞机,其优点在于能够保持飞机的平稳性和保证飞机的安全性,而且能够支撑载重量较大的飞机。

2. 起落架的组成

(1) 主起落架

每一主起落架为一双轮起落架并带一油气式减震器,包括以下部件:减震支柱、扭力臂、轮轴、机轮、侧支柱、阻力支柱、舱门等(图10.1.3)。

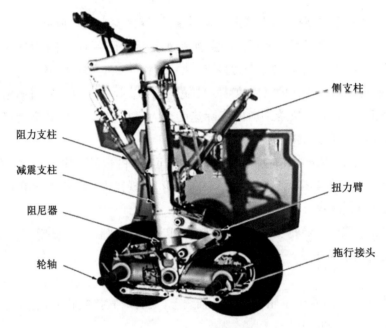

图 10.1.3　主起落架

主起落架主要的承力部件有减震支柱、侧支柱和阻力支柱。在减震支柱的内外筒之间装有扭力臂,防止内外筒之间的相对转动,拖行接头用于连接牵引车拖行飞机。轮轴上可以安装机轮,方便起落架在地面的移动。

(2) 前起落架

双轮前起落架包括一油气式减震支柱和一前轮转弯操纵系统,其部件有减震支柱组件、阻力支柱组件、锁杆组件、起落架作动筒、前轮转弯机构等(图10.1.4)。

(3) 减震支柱

减震支柱是一个可伸缩的油气组件,安装在主支柱上,将起飞、着落和滑行产生的负载传递到机翼(图10.1.5)。当减震支柱压缩时,负载通过液压油和氮气进行压力传递。减震支柱是一个2级组件,它包括4个腔室:

① 第一级气腔内含低压氮气和液压油；

② 回油腔内含液压油；

③ 压缩腔内含液压油；

④ 第二级气腔内含高压氮气。

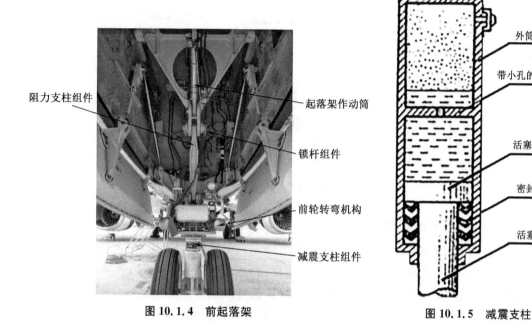

图 10.1.4　前起落架

图 10.1.5　减震支柱

任务二　起落架收放系统

1. 起落架收放系统

起落架收放系统的作用主要是减小飞机在飞行中的阻力。

起落架收放系统通常包括起落架控制系统、起落架和舱门收放系统及起落架备用放下系统，通常也称为重力放出系统（图 10.2.1）。

图 10.2.2 是起落架收放系统的基本图，可通过驾驶舱内的起落架手柄对起落架的收放进行控制。在现代飞机上，起落架收放可由人工、气动、液压或电动操作。大多数飞机起落架收放系统通常以液压为正常收放动力源。

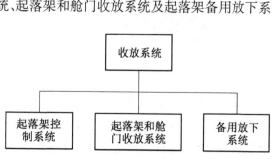

图 10.2.1　起落架收放系统组成

221

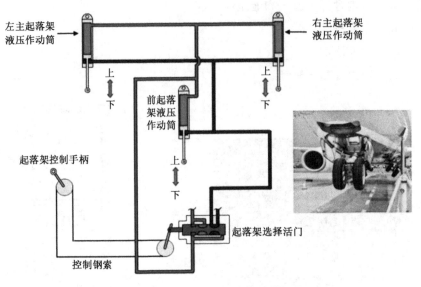

左主起落架
液压作动筒

右主起落架
液压作动筒

上 下

上 下

前起落架液压
作动筒

上 下

起落架控制手柄

起落架选择活门

控制钢索

图 10.2.2　起落架收放系统的基本图

（1）电控液动式起落架收放系统

图 10.2.3 是电控液动式起落架收放系统，起落架控制接口组件（Landing Gear Control and Interface Unit，LGCIU）首先通电舱门电磁活门，通过液压释放舱门上位锁，伸出作动筒，打开舱门；然后 LGCIU 通电，起落架选择活门，通过液压释放起落架上位锁，起落架作动筒接收压力并将起落架放下，同时放下锁作动筒获得压力将起落架锁定在放下位；最后 LGCIU 再次通电，舱门选择活门将压力输送到起落架舱门作动筒，作动筒使舱门关闭。

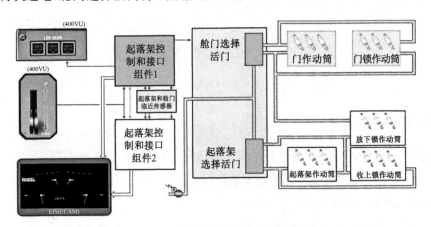

图 10.2.3　电控液动式起落架收放系统

（2）机械液动式起落架收放系统

图 10.2.4 为机械液动式起落架收放系统。正常情况下，液压系统 A 为起落架收放提供压力，液压系统 B 只为收上起落架提供备用压力。临近电门电子组件（Proximity Sensor Electronic Unit，PSEU）控制起落架转换活门将液压系统 A 或 B 的压力供应到起落架。

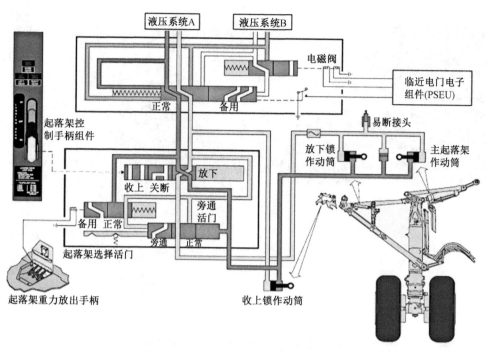

图 10.2.4　机械液动式起落架收放系统

当起落架控制手柄放到 DOWN 位时,液压系统 A 压力通过转换活门和选择活门传到起落架作动筒和起落架下位锁作动筒,对起落架放下管路增压。上位锁打开后,起落架作动筒杆端压力增加,起落架通过液压力、重力和空气载荷放出。

2. 起落架位置指示和警告系统

起落架位置指示和警告系统在驾驶舱内显示起落架的位置,也在着陆未放下起落架时警告飞行员,便于机组确认起落架位置。

（1）临近传感器

主起落架下位锁临近传感器通常安装在主起落架锁连杆上,用于探测起落架是否放下锁定(图 10.2.5)。

前起落架上通常有两个临近传感器提供前起落架下位锁指示。传感器安装在后锁连杆的支架上,标靶安装在前锁连杆上(图 10.2.6)。

（2）起落架位置指示和警告

图 10.2.7 为飞机起落架位置在驾驶舱内的显示,机组可以通过 ECAM 起落架页面或灯光指示面板查看起落架位置状态。在 ECAM 起落架页面,绿色三角代表起落架放下锁定;红色三角代表起落架未锁定,起落架收上锁定时不显示三角符号。起落架灯光指示板上绿色显示代表相应起落架放下锁定,红色显示代表相应起落架和起落架控制手柄位置不一致。没有任何灯光点亮,代表起落架处于收上锁定状态。

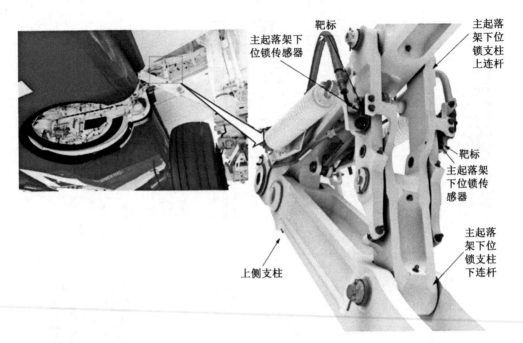

图 10.2.5　主起落架下位锁临近传感器

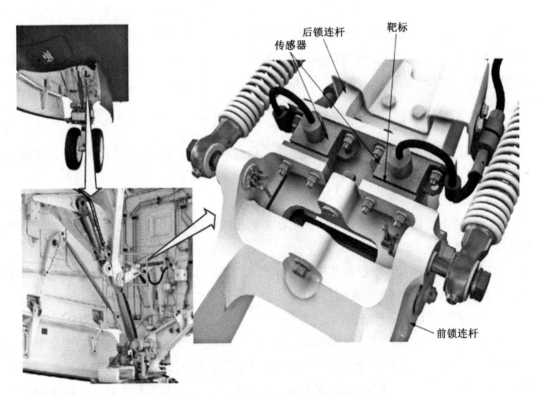

图 10.2.6　前起落架下位锁临近传感器

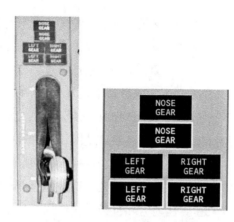

图 10.2.7 起落架位置指示和警告

如图10.2.8所示,在波音飞机上,如果起落架控制手柄在收上位,起落架没有放下锁定并且在满足下列所有条件时触发警告:

① 襟翼位置处于着陆构型;

② 油门杆处于慢车位;

③ 无线电高度在240 m以下。

这时,驾驶舱内会触发音响警告,并且使红色起落架指示灯点亮。

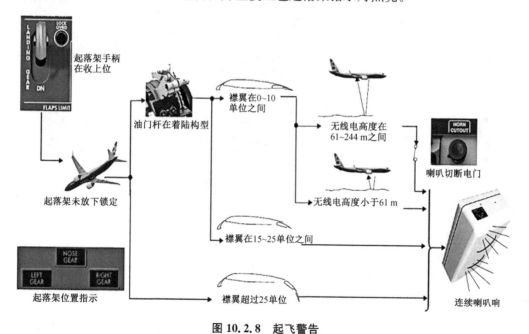

图 10.2.8 起飞警告

3. 备用放下系统

当起落架不能正常放下时,必须采用应急放下的方法放下并锁好起落架,以保证着陆安全。应急放下起落架首先必须打开收上位置锁,然后依靠起落架自身重力、空气动力或辅助动力放下并锁好起落架。收上位置锁是机械锁时,操纵应急放下机构打开收上锁;收上位置锁是液锁时,通过应急操纵放下装置,联通收放油路解除液锁。

某些中小型飞机因其起落架自身重量较小,靠自身重力不能可靠地放下并锁好,所以设置有手摇液压泵应急放下,或采用气压应急放下装置。

起落架备用(重力)放下系统独立于正常收放系统。如图 10.2.9 所示,当打开备用(重力)放下控制机构的接近门时,接近门位置电门向起落架选择活门内的重力放下电磁活门发送信号,通过选择活门内的旁通活门将正常收放系统中的所有液压部件连通回油。拉起备用(重力)放下控制机构内的手柄可操纵该系统。通过钢索,起落架重力放下装置将对起落架上位锁机构解锁。起落架在空气动力和自身重量作用下放下。

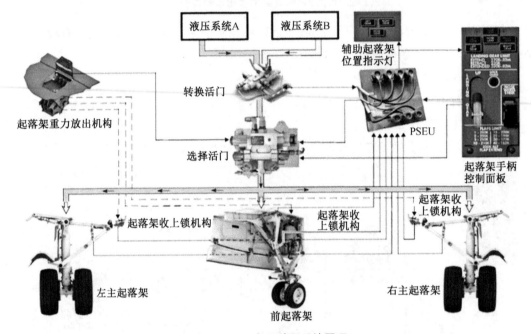

图 10.2.9　备用放下系统原理

4. 地面防收安全措施

当飞机在地面时,起落架必须安全锁定在放下位。如果起落架意外收上,会对飞机造成严重损伤。常见的起落架防收安全措施有以下三种:

（1）手柄卡槽固定

起落架控制手柄在收上、放下或关断位置时,都有卡槽使之固定(图 10.2.10)。任何时候,都需要拉出起落架收放控制手柄才能扳动,防止由于维护人员的触碰而作动起落架。

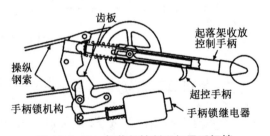

图 10.2.10　起落架控制手柄及手柄锁

（2）起落架控制手柄带锁定功能

现代飞机的起落架控制手柄通常带有锁定功能（图 10.2.11）。

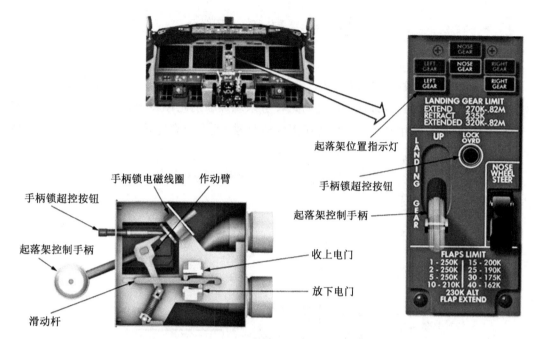

图 10.2.11　起落架控制手柄及锁电磁线圈

当飞机在地面时，手柄锁电磁线圈断电，起落架控制手柄被锁定在放下位。

当飞机在空中时，起落架控制手柄锁电磁线圈通电解锁，这样可允许飞行员将起落架控制手柄扳到收上位。

如果电磁线圈在起飞以后失效，飞行员可按压手柄锁超控按钮进行解锁，将手柄移动到收上位。

（3）地面机械锁

某些机型的起落架锁连杆上带有地面锁定销插孔，插入锁定销可以防止起落架意外收回（图 10.2.12）。为防止设备受损或人员受伤，在起落架相关区域工作前需确保插入地面锁定销插孔或安装安全套筒，在飞机起飞前务必取下相关地面锁定装置。

图 10.2.12　起落架地面机械锁

任务三 转 弯 系 统

操纵飞机在地面转弯有两种方式：一种是通过主轮单刹车或调整左右发动机的推力（拉力）使飞机转弯；另一种方式是通过前轮转弯系统操纵前轮偏转使飞机转弯。轻型飞机一般采用前一种方式；中型及以上的飞机因转弯困难，大多装有前轮转弯系统。另外，有些重型飞机在操纵转弯时，主轮也会配合前轮偏转，提高飞机的转弯性能。

现代民航飞机都配备前轮转弯系统，在某些带有多轮起落架系统的大型喷气式飞机上，还配备有主轮转弯系统。

1. 前轮转弯系统

前轮转弯系统如图 10.3.1 所示。

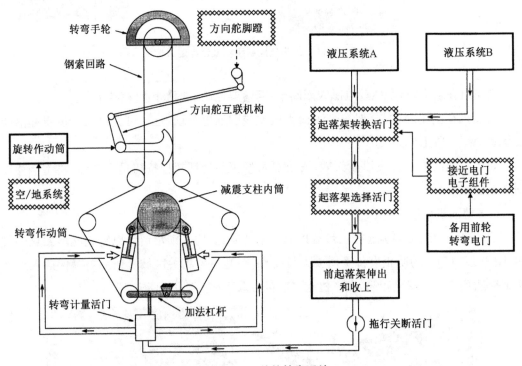

图 10.3.1 前轮转弯系统

作用：以改进地面操作和起飞着陆时控制方向的性能。

使用方法：使用驾驶舱内的方向舵脚蹬和转弯手轮对前轮转弯进行控制（图 10.3.2、图 10.3.3）。

图 10.3.2　方向舵脚蹬

图 10.3.3　转弯手轮

大型飞机由于重量太大,无法使用上述直接驱动式前轮转弯,所以使用液压驱动间接式前轮转弯系统,常见的有以下两种:

(1) 由机械操纵,液压驱动

在此类系统中,驾驶舱发出的转弯指令通过钢索传输至转弯控制活门,转弯控制活门将液压力输送至转弯作动筒。

(2) 由电动操纵,液压驱动

在此类系统中,驾驶舱发出的转弯信号通过导线传输至控制电路,控制电路通过伺服活门将液压力输送至转弯作动筒。

2. 主轮转弯系统

减小飞机转弯时主起落架承受的侧向载荷以及因主轮侧滑而造成的轮胎刮擦损伤。增加主轮转弯功能还可以有效减小飞机所需的转弯半径。

(1) 主起落架采用小车架转向梁

当前轮进行大角度转弯时,主起落架的小车架上的后两个机轮可以配合转弯。在正常情况下,转弯作动筒将转向梁和固定梁锁定在同一直线上(图 10.3.4)。

(2) 主起落架采用整体转向小车架进行转弯

当指令传感器探测到前起落架进行转弯时,将电信号传输至电子控制组件,再由电子控制组件操作液压控制模块中的伺服活门,将液压力传输给主起落架转弯作动筒。

当前起落架朝某一方向转动一定角度时,可转向的主起落架朝相反方向转动一个相对较小但与前起落架转动成比例的角度。

在采用整体转向小车架的起落架上,当飞机滑行速度小于一定值(例如 15 节)时,主起落架转弯功能被自动激活(图 10.3.5)。当滑行速度大于一定值(例如 20 节)时,主起落架转弯系统自动定中。

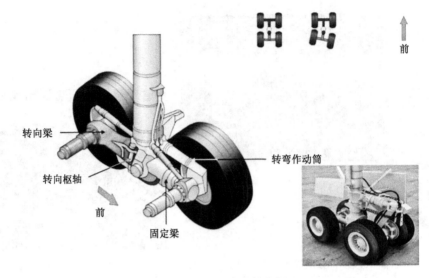

图 10.3.4　小车架转向梁

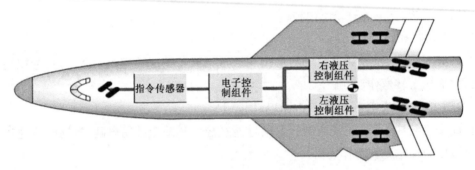

图 10.3.5　整体转向小车架

任务四　机轮与轮胎

机轮是飞机着陆系统的重要组成部分,肩负起上百吨飞机的起飞高速滑跑和数百吨降落时的冲击载荷。

(1) 功能

① 承载飞机在地面时的全部重量,缓冲飞机起飞、降落和滑行时产生的振动和冲击;

② 辅助飞机在地面上滑行;

③ 是飞机在地面上最主要的操纵系统,向跑道传递制动力,为转向提供侧向力。

(2) 轮胎寿命

根据飞机起降次数计算,一个轮胎大约可以进行150次起降。但在某些极端情况下,例如刹车系统故障,可能导致新装机轮胎在第一次降落后就需要更换。

（3）工作环境

在起飞阶段，轮速可以在 60 s 内由 0 加速至 220 节，此时轮胎温度可以达到 110 ℃；在高空飞行时，轮胎温度可以降至−20 ℃。

1. 轮毂

飞机轮毂分为两个部分，内外轮毂用螺栓固定在一起，轮胎在中间，然后用氮气加压（图 10.4.1）。大型喷气式飞机的轮毂一般由铝合金制成，这种材料的优点是结构强度高、重量轻。有些飞机的轮毂使用镁合金制成，这种材料比铝合金轻，但容易腐蚀。

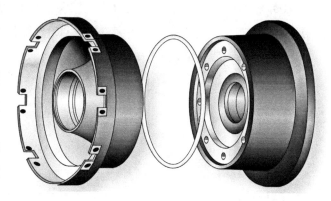

图 10.4.1 轮毂结构

早期飞机的机轮是一个整体结构，类似于现在汽车的轮子。这种构型可以把轮胎直接压过轮毂。由于现代飞机的轮胎太硬，无法直接压到轮毂上，一般需要有内侧和外侧两个半轴组合施压固定。

典型的现代两件式飞机机轮由铝或镁合金铸造或锻造而成，两半部分用螺栓连接在一起。在 O 形圈的配合面上有一个凹槽，因为大多数现代飞机都使用无内胎轮胎，所以 O 形圈可以密封轮毂。

机轮的胎圈座区域是轮胎接触轮毂的地方。它是在着陆过程中承受轮胎显著拉伸载荷的关键区域。为了在制造过程中加强该区域，通常对胎圈座区域进行轧制，以在压缩应力荷载下对其施加预应力。

机轮包括以下部分，如图 10.4.2 所示：

① 驱动键 刹车动盘由钢制的驱动键驱动。主轮驱动键由螺栓固定在主轮内侧，并与刹车动盘钢卡槽配合来驱动刹车动盘。

② 隔热罩 防止在正常刹车过程中刹车热量损坏轮胎。

③ 易熔塞 当机轮温度升高到一定程度时，轮毂内侧的易熔塞会自动释放轮胎压力。

④ 充气活门 带有直接读取压力的指示器或通过独立的压力传感器将压力信息发送到轮胎压力指示系统。

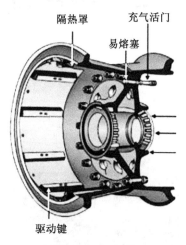

隔热罩　充气活门

易熔塞

驱动键

图 10.4.2 机轮

2. 轮胎

（1）轮胎分类

额定速度值表征轮胎的最大速度能力，额定载荷表征轮胎的最大承载能力。在飞机运行期间，即使在临界条件下，也不得超过额定速度和额定载荷。最初，业内将飞机轮胎和轮毂分为9种不同类型，但现在仍使用的类型只有3、7和8。

3型轮胎是低速轮胎，用于地速小于256 km/h的螺旋桨飞机。与其他轮胎相比，3型轮胎相对于轮毂直径的截面宽度更大，这样可以降低压力，改善缓冲和漂浮性能。

7型轮胎属于高速轮胎，是喷气式飞机上使用的标准轮胎，地面速度可高达360 km/h。

8型轮胎属于超高速轮胎，额定速度为450 km/h，常被用于军用飞机上。

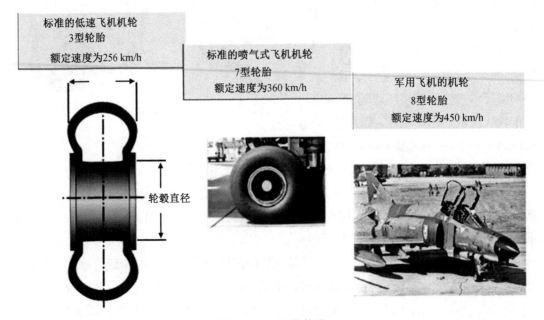

图 10.4.3　飞机轮胎

（2）轮胎标识

图10.4.4是飞机的轮胎标识，包括制造商名称、设计类型、制造国、序列号、零件号、轮胎尺寸、额定载荷等相关信息。

（3）轮胎强度

轮胎强度的一个指标是帘线层等级。当轮胎帘线层由棉绳制成时，帘线层的等级与帘线层的数量相同。现如今的帘线层由更结实的材料制成，这意味着使用较少的帘线层便具有与原来相同的强度，且整个层数

图 10.4.4　轮胎标识

额定值大于实际层数。

（4）轮胎构造

飞机轮胎的主要部件是胎圈、胎体、胎面和侧壁（图10.4.5、图10.4.6）。航空轮胎由橡胶、尼龙线、钢丝三种基本材料构成，这些成分通过硫化黏结在一起。

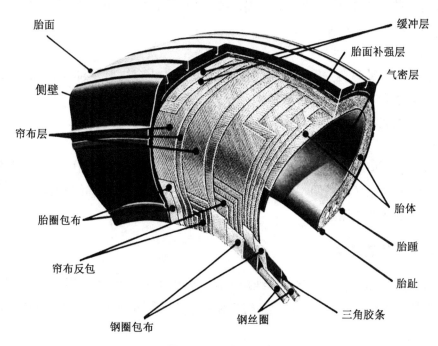

图 10.4.5　轮胎构造

① 胎面

胎面使用合成橡胶制造，胎面上有环状沟槽，承受飞机重量、与跑道间的摩擦、异物割伤和各种极端的环境温度。

与汽车轮胎胎面由周向直沟与横向沟槽组成各式各样的花纹图案相比，飞机轮胎胎面有一条条沿圆周方向延伸的直沟，而没有横向沟槽。胎面花纹不是为了美观而设计的，而是根据性能要求确定的。飞

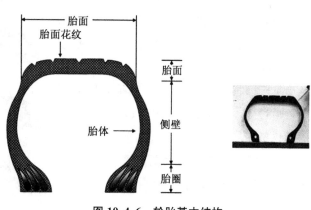

图 10.4.6　轮胎基本结构

机的滑行与制动要求轮胎具备良好的防水防滑功能，飞机轮胎为此设置了周向直沟；由于横向沟槽会显著缩短轮胎寿命，因此飞机轮胎没有横向沟槽。胎面上的沟槽必须要有足够的深度，以便使水能从轮胎下面通过，这样可以减少在潮湿的跑道上打滑。

② 缓冲层

缓冲层是尼龙布加强的附加层,位于胎面花纹槽底部与加强帘布层上部之间,用来保护轮胎各层和加强胎面区域。

③ 帘布层

胎体的帘布层由橡胶和纤维连线组成,缠绕在胎唇钢圈上,用来提高轮胎的强度。铺设的层数与轮胎的强度有关。

④ 侧壁

轮胎的侧壁是胎体侧壁帘线的主要保护层,它能防止帘线损坏和暴露,还可提高胎体强度。对于某些安装在前轮上的轮胎,其侧壁上会有导流器,它能使跑道上的水折向侧边,避免水泼溅到安装在后面的喷气发动机上。

⑤ 胎缘

胎缘包括钢丝圈和胎缘涂胶包边布。钢丝圈是轮胎的骨架,有高的抗拉强度和刚度,通过它把载荷传递给轮毂。胎缘涂胶包边布形成胎口断面形状,与轮毂的轮缘紧密贴合,能够防磨并防止内胎轮胎漏气。

3. 轮胎与机轮勤务

飞机轮胎在使用过程中最重要的维护项目是轮胎压力(简称"胎压")控制。由于重着陆、高利用率和较大的刹车速度,以及急转弯和跑道坡度所带来的高地面接触压力,飞机轮胎需要频繁维护。

(1) 胎压影响

正确充气的轮胎在承载时,其压缩变形量约为 32%,此时可提供良好的胎面磨损。

当轮胎充气过度时压缩变形量小于 32%,会导致胎面中部过度磨损;当轮胎充气不足时压缩变形量达到 32%以上,会导致胎肩过度磨损(图 10.4.7)。当轮胎压缩变形量超过 45%时,则会产生超过正常水平 3 倍的热量。

充气不足比充气过度更严重,它会产生过度的应力、导致帘线层分离和胎体的弱化。

胎面正常磨损

胎压不足,胎面肩部磨损

胎压过高,胎面中部磨损

图 10.4.7 轮胎磨损

(2) 胎压检测

大多数情况下,目视检查无法判断轮胎是否充气不足,需要借助压力表来对轮胎压力检查。部分飞机轮胎上的充气活门会自带一个压力表来显示胎压,也有部分飞机装有胎压指示系统(图 10.4.8)。

每天或每次飞行前需要检查轮胎压力。应该在冷胎的状态下测量胎压,即至少在飞行

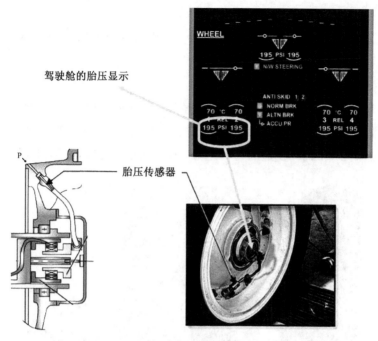

图 10.4.8　胎压指示

后 2 h 以上。在检查期间,机轮必须接触地面而不能在千斤顶上。如果轮胎没有载荷,胎压需降低 4% 左右。轮胎压力随环境温度的变化而变化,环境温度每变化 3 ℃,胎压变化约 1%。在 15 ℃ 的环境温度下,如果轮胎压力为 1 380 kPa(200 psi),那么当温度升高到 45 ℃ 时,轮胎压力约为 1 520 kPa(220 psi);如果温度降低到 9 ℃,则轮胎压力约为 1 350 kPa (196 psi)。

(3) 轮胎充气

空气中有氧气,轮胎如果过热或刹车燃烧,是非常危险的。因此在一般情况下只能使用氮气充气,不允许使用压缩空气。

(4) 机轮拆换

在执行机轮拆换工作时,拆轮轴螺母前必须先释放轮胎压力,防止爆胎。由于机轮在存放时已经被释压,所以在安装机轮后,务必参考维护手册,充气至标准压力。若刹车过热,则应始终从前部或后部靠近机轮,切勿从侧面靠近机轮,因为如果发生轮胎爆破,零件会从侧面飞出。

(5) 目视检查

自视检查的内容是轮胎是否损坏以及是否达到正常的磨损极限。

在有中心沟槽的轮胎上,当中间沟槽在 10 cm 及以上长度的区域不可见时,便达到了正常磨损极限。在没有中间沟槽的轮胎上,当跨过胎面中心线的两个沟槽中任何一个在 10 cm 或更长区域内不可见时,则达到了正常磨损极限。达到正常磨损极限的轮胎最多可以继续使用 15 个起落,但是必须要在记录本中进行记录,提醒外站人员,非必需情况时无须更换机轮。

如果轮胎未被正确充气,会出现异常磨损。过度充气会加速胎面磨损,而充气不足会增加胎肩磨损。

(6) 切口检查

在胎面区域的 V 形小切口是由于飞机降落在带沟槽的跑道上造成的损伤。带有 V 形切口的轮胎可以继续使用,直到达到正常的磨损极限。有些切口比常见的小切口要严重得多,这些切口是停机坪上的异物造成的。当切口深度超过标准时,必须将轮胎拆下。

切口深度

图 10.4.9　轮胎切口检查

(7) 常见的轮胎损伤形式

① 胶皮脱落:如果在胎面形成的磨损区域外观比较平整,那么表明这是机轮胶在干燥的跑道上被锁定或未转动造成的。如果轮胎没有磨损到沟槽底部并且没有出现摆振,那么可以继续使用。胶皮脱落形式如图 10.4.10 所示。

图 10.4.10　胶皮脱落形式

② 轮胎熔化、鼓包：轮胎鼓包是胎面局部过热引起的，如果发现有凸起或鼓包的轮胎，必须更换。

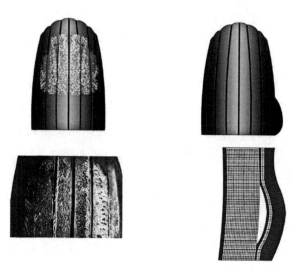

图 10.4.11　轮胎熔化、鼓包

③ 胎肩磨损：虽然胎面中心仍然还存有花纹的轮胎，也应该更换新轮（图 10.4.12）。

④ 外来物损伤：通常会在胎面区域产生切口或孔洞。损伤主要是由不清洁或未清扫的跑道和滑行道引起的。如果异物仍在机轮上，不要将其移除。对于外来物造成损伤的轮胎，应立即放气，然后拆下，防止爆胎（图 10.4.13）。

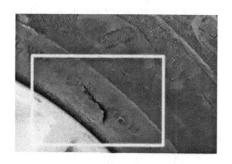

图 10.4.12　胎肩磨损

图 10.4.13　外来物损伤

（8）机轮拆装

① 拆卸注意事项：从飞机上拆卸不可用或损坏的轮胎前，必须先放气。站在远离阀芯弹射路径的一侧，使用气门芯、放气工具给轮胎放气。如果气门芯脱落，内部轮胎压力推动可导致严重的人身伤害。

② 安装注意事项：轮轴螺母不要拧得过紧，否则刹车过程中轮毂温度升高会沿轮轴方向膨胀，压紧轴承，使轴承的摩擦力大大增加、发热量增大，进而导致轴承产生的阻滚力矩也急剧增大，严重时还可能使轴承、轮轴等零件熔焊在一起。

任务五　机轮刹车系统

现代飞机上最常用的刹车包括单盘式刹车、双盘式刹车和多盘式刹车。

① 单盘式刹车　在活塞壳内有一个旋转的动盘,液压作动活塞,在动盘的两侧产生适量的摩擦,实现减速刹车效果。小型通用航空飞机通常采用单盘刹车。

② 双盘式刹车　双盘式刹车使用两个旋转动盘,在刹车时,使用双盘制动,在两个旋转圆盘之间产生更大的摩擦。

③ 多盘式刹车　大型飞机使用的是多盘式刹车,整个刹车系统由液压驱动。多盘式刹车的主要部件有活塞壳、扭力筒、刹车动盘和静盘。

刹车系统由若干个子系统组成,以确保其安全工作。在地面可实施的刹车包括正常刹车、备用刹车和停留刹车。在空中,当起落架收回时,收上刹车将停止机轮转动。除此之外,刹车系统还包括防滞系统和自动刹车系统。

现代飞机普遍采用动力刹车。在动力刹车中,脚蹬操作一个刹车计量活门,刹车计量活门将来自脚蹬的输入进行放大,提供更大的刹车压力。

1. 机械钢索控制刹车系统

机械钢索控制刹车系统如图 10.5.1 所示。驾驶舱的脚蹬通过机械钢索传输输入信号到轮舱的刹车计量活门。每组脚蹬的左脚蹬操作左侧刹车,右脚蹬操作右侧刹车。机长的

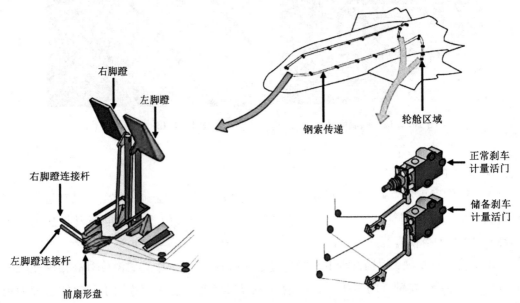

图 10.5.1　机械钢索控制刹车系统

左侧和右侧脚蹬分别通过连接杆与副驾驶的相应脚蹬连接。所以操作机长侧或副驾驶侧的单个脚蹬时,另一侧的对应脚蹬也会随动。当脚蹬移动时,带动前扇形盘转动,前扇形盘操纵钢索运动,两套独立的钢索系统传递脚蹬的位移信号到刹车计量活门。为确保刹车系统正常工作,一般安装两套互相独立的刹车系统,分别由正常刹车计量活门和备用刹车计量活门供压。

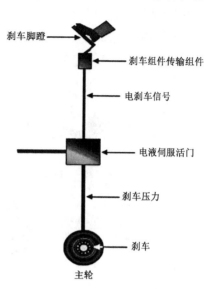

图 10.5.2　电控液压刹车系统
简化示意图

2. 电控液压刹车系统

刹车脚蹬传感器组件探测脚蹬位移量,并发送电刹车信号到电液伺服活门,电液伺服活门将电信号转换为成比例的刹车压力(图 10.5.2)。

（1）停留刹车

停留刹车系统用于飞机停放时设置刹车。液压系统增压时,可以设置停留刹车。当所有液压系统释压时,还可以通过刹储压器保持停留刹车。

停留刹车手柄位于中央操纵台,手柄通过连杆与弹簧加载的棘爪连接,脚蹬摇臂有一个锁销(图 10.5.3)。

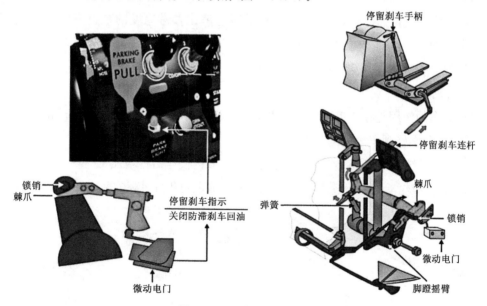

图 10.5.3　停留刹车系统

设置停留刹车的方法为:首先踩压脚蹬,然后拉动停留刹车手柄。当脚蹬被踩下时,摇臂旋转并通过扇形盘和钢索打开刹车计量活门,设置刹车。当拉动停留刹车手柄时,棘爪向上移动顶住锁销,将刹车脚蹬锁定在踩下位置,设置停留刹车。

当停留刹车设置完成后,微动电门会被激活。此时,停留刹车活门将关闭所有防滞刹车的回油管路,确保储压器提供的刹车压力能够保持,在操纵台上,一个红色的停留刹车灯点亮。当再次踩脚蹬时,弹簧拉动停留刹车连杆,将停留刹车手柄恢复到释放位置即可解除停留刹车。

（2）防滞刹车

防滞刹车的作用是提高刹车效率,同时更好地保护轮胎。其原理如图 10.5.4 所示。

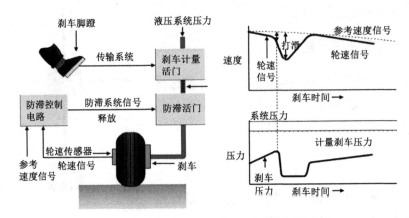

图 10.5.4　防滞刹车系统原理

当实施刹车时,刹车计量活门发送最大计量刹车压力到防滞活门。最大计量刹车压力低于系统压力,并且始终具有恒定值。轮速的减速率比参考速度的减速率快,滑移率随着刹车压力的增加而增加。防滞控制电路发送调节信号到防滞活门,调节刹车压力,使飞机保持最优的滑动状态,即 10%～15% 的滑移率。

（3）自动刹车

自动刹车的作用是在不需要飞行员踩刹车脚蹬的情况下,使飞机在选择的减速率下停止,降低着陆和实施刹车之间的延迟。

自动刹车系统如图 10.5.5 所示。飞机着陆时,减速板伸出将增加 40%～80% 的阻力,并且减少升力,使机轮承受更大载荷,从而在轮胎和跑道之间获得更高的摩擦力,提升刹车效果。

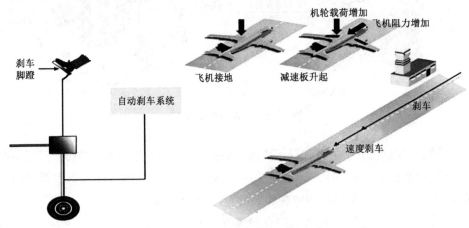

图 10.5.5　自动刹车系统

任务六　常见起落架系统维护工作介绍

1. 典型飞机起落架系统常见维护

典型飞机停留刹车操作程序：

（1）警告

① 确保所有起落架都安装起落架安全销，否则会导致人员受伤和设备损坏。

② 确保人员和设备远离飞控舵面，反推和起落架，在液压系统增压时，这些部件可能意外作动，这会导致人员受伤和设备损坏。

（2）维护准备工作

① 确认起落架安全销已安装。

② 确认所有机轮前后放置轮挡。

③ 飞机由外接地面电源或 APU 供电。

④ 液压系统 A、B 卸压。

见图 10.6.1。

图 10.6.1　维护准备工作

（3）操作步骤

① 检查液压刹车压力指示表压力指示在 19.3 M～22 MPa。

② 同时踩下机长或副驾驶的两个脚蹬到止挡位。

③ 向后拉停留刹车手柄。

④ 松开机长或副驾驶的两个脚蹬。

⑤ 确认停留刹车灯点亮。

⑥ 确认刹车组件已刹上。

见图 10.6.2。

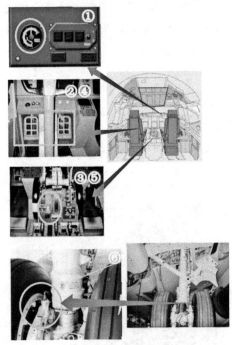

图 10.6.2　操作步骤

2. 典型飞机轮胎气压勤务程序

（1）警告与告诫

① 确保所有起落架都安装起落架安全销，否则会导致人员受伤和设备损坏。

② 必须使用可调节压力的气源给轮胎充气，如果气源压力不可调，会导致人员受伤和设备损坏。

③ 确保直接读数气压表是被正确校准的，并具有被认证的刻度。如果该表不精确，轮胎充气压力将不正常，这将导致轮胎损坏。

④ 气压表与充气嘴一定要垂直对准，不然会把充气嘴的气门芯顶歪或顶坏，使轮子漏气。

（2）维护准备工作

① 等待轮胎温度降至环境温度。

② 确认起落架安全销已安装。

③ 确认所有机轮前后放置轮挡。

见图10.6.3。

（3）操作步骤

1）轮胎充气

① 将减压阀安装在气瓶上。

② 将管路和轮胎气门嘴连接在一起。

③ 打开气瓶开关并调节出口压力。

④ 缓慢打开充气阀开关开始给轮胎充气。

⑤ 关闭充气阀，取下充气嘴。

⑥ 检查轮胎压力。

⑦ 气门嘴渗漏检查，盖防尘帽。

见图10.6.4。

图10.6.3　维护准备工作

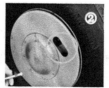

图10.6.4　轮胎充气

2）轮胎气压测量

① 拧下充气口的防尘帽。

② 将气压表垂直地顶在充气口。

③ 读取轮胎压力读数。

④ 记录轮胎压力读数并与轮胎压力标准进行比较,按需采取相应措施。

⑤ 用渗漏液对轮胎气门嘴进行渗漏检查。

⑥ 去除多余渗漏液,盖上防尘帽。

见图 10.6.5。

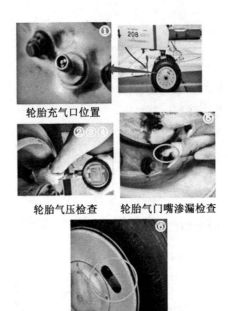

轮胎充气口位置

轮胎气压检查　　　轮胎气门嘴渗漏检查

防尘帽位置

图 10.6.5　轮胎气压测量

3. 典型飞机轮胎检查程序

(1) 警告与告诫

① 警告:确保所有起落架都安装起落架安全销,否则会导致人员受伤和设备损坏。

② 告诫:不要用工具或其他物体戳轮胎,损坏的轮胎会爆炸并导致人员受伤和设备损坏。

(2) 维护准备工作

① 确认起落架安全销已安装。

② 检查轮胎气压,确保轮胎气压符合要求。见图 10.6.6。

(3) 操作步骤

① 检查轮胎是否有漏气、擦伤、不正常磨损和磨平。

起落架安全销位置检查

轮胎气压检查

图 10.6.6　维护准备工作

② 检查轮胎是否有污染物。

— 保持轮胎清洁。轮胎上不能有滑油、液压油、燃油、飞机清洗剂或者其他油脂,如果有这些或其他潜在的有害化学物质溅到轮胎上的可能,应将轮胎覆盖。

— 如果轮胎受到污染,用肥皂液清洁。

— 如果轮胎表面出现柔软、海绵状或有凸起的情况,则应尽快更换轮胎。

③ 出现以下情况需更换轮胎:

— 胎槽、胎面、侧壁上出现扎伤或者裂纹超标。

— 胎面、胎肩或胎侧区域出现气泡、凸起或帘布层分离的迹象。

— 局部磨平可见胎面加强层。

— 其他导致轮胎损伤的情况。

④ 检查轮胎磨损区域:

— 在 3 个相距相等的点上测量胎槽的深度,如果胎槽的平均深度小于等于 0.79 mm,则必须在下次方便维修时更换轮胎。

— 如果轮胎任何区域磨损见胎体帘布层,则轮胎不可用,必须更换。

— 如果轮胎任何区域磨损见胎面加强层,则必须在下一次方便维修时更换轮胎。

常见的轮胎损伤见图 10.6.7。

正常磨损　　　　非正常磨损(低压)

非正常磨损(超压)　　　污染

胎面扎伤　　　　侧壁割伤

分层/鼓包　　　　胎槽裂纹

胎面磨平(拖胎)　　胎面褶皱

胎面丢失　　　　胎肋丢失

磨损见线

图 10.6.7　常见的轮胎损伤

4. 典型飞机起落架减震支柱勤务程序（主起落架）

（1）警告与告诫

① 确保所有起落架都安装起落架安全销，否则会导致人员受伤和设备损坏。

② 给减震支柱放气前，要确保人员和设备远离机翼下方。当给一个减震支柱放气时，翼尖会下降，这样会导致人员受伤和设备损坏。

③ 减震支柱完全放气前，不要拆下放气活门本体，否则气压会将活门本体吹出并导致人员受伤。

④ 只能使用指定牌号的油液灌充起落架减震支柱，如果使用错误的油液，将会导致封圈损坏。

起落架安全销

⑤ 如果油液滴落在轮胎上，要马上清除干净，否则油液会导致轮胎性能下降。

（2）维护准备工作

① 确保所有起落架安全销已安装。

② 给主起落架减震支柱放气。

— 从充气活门上拆下防尘帽。

主起落架放气位置

— 拧松充气活门旋转螺帽不超过 2 圈，确保放气速度缓慢。

— 待所有气体放出后，将充气活门旋转螺帽完全拧松。

提示：当减震支柱完全放气时，尺寸"X"为 2～2.8 cm。

③ 按需给主起落架减震支柱放油。

— 从充油活门组件上拆下防尘帽。

— 放一个 19 L 的油盆在充油活门组件下方，接住流出来的液压油。

起落架减震支柱高度

— 安装放油设备到充气活门组件上。

— 用扳手拧松放油活门并保持住，直到减震支柱内的油完全放空。

— 拆掉放油管。

见图 10.6.8。

（3）操作步骤

① 主起落架减震支柱充油。

— 取下充油活门组件上的防尘帽。

— 连接起落架减震支柱充油车的加油管到充油活门上。

— 确保防尘帽已从充气活门上取下。

— 确保充气活门旋转螺帽完全拧松。

主起落充油口位置

图 10.6.8　维护准备工作

— 连接放油管到充气活门，放油管末端放入放
　油桶。

— 松开充油活门。

— 用装有指定牌号液压油的充油车给减震支柱
　加油，直到从减震支柱充气活门处流出的油液
　里没有气泡。

— 停止加油。

— 拧紧充油活门，拆掉加油管。

— 在充油活门组件上安装防尘帽。

— 从充气活门上拆掉放油管。

② 主起落架减震支柱充气。

— 在充气活门上安装充气管。

— 将充气管与高压气瓶连接。

— 确保充气活门旋转螺帽已拧松。

— 打开高压气瓶，并拧开气压表进气阀门，给起落
　架减震支柱充气。

— 给起落架充氮气，直到勤务高度达到大概
　89 mm，或者 11 200 kPa 的位置。

— 关闭气压表进气阀门，关闭气瓶，读取气压表上
　数值，对照勤务曲线。

— 给减震支柱充气或放气直到它的尺寸"X"对应的
　气压值落在勤务标牌的勤务曲线上。

— 拧紧充气活门旋转螺帽并施加力矩到规定值。

— 拆下充气管。

— 用泡沫水检查充气活门渗漏。

— 装上充气活门防尘帽。

见图 10.6.9。

加油车

放油管

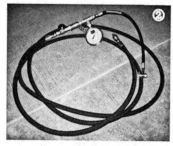

充气管

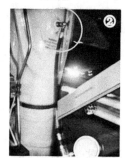

主起落架充气口位置

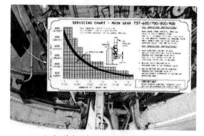

主起落架减震支柱勤务标牌

图 10.6.9　操作步骤

247

5. 典型飞机起落架系统维护安全注意事项

① 确保所有起落架都安装安全销,防止起落架意外收上导致人员受伤和设备损坏。

② 避免让皮肤接触高压气体。

③ 减震支柱完全放气前,请勿拆下放气活门本体,否则气压会将活门本体吹出并导致人员受伤。

④ 轮胎请勿过度充气。如果轮胎充气过度,将导致人员受伤和设备损坏。

⑤ 确保人员和设备远离飞控舵面,反推和起落架,在液压系统增压时,这些部件可能意外作动,这会导致人员受伤和设备损坏。

⑥ 只能为轮胎充入氮气。如果轮胎被充入空气,轮胎内的空气在过热时就会变为含有氧气的爆炸性混合物。轮胎爆炸会致人员受伤和设备损坏。

⑦ 只能使用指定牌号的油液灌充起落架减震支柱,如果使用错误的油液,将会导致封圈损坏。

⑧ 如果油液滴落在轮胎上要马上清除干净,否则油液会导致轮胎性能下降。

项目练习

1. 前三点式起落架与后三点式起落架相比(　　)。

    A. 飞机气动阻力大,便于减速　　　　　　B. 方向稳定性差,容易打地转

    C. 着陆操纵困难,易倒立　　　　　　　　D. 滑行的方向稳定性好

2. 民航飞机起落架应急放下系统的基本工作原理是(　　)。

    A. 正常开锁,依靠备用动力放下　　　　　B. 应急开锁,依靠备用动力放下

    C. 正常开锁,依靠重力放下　　　　　　　D. 应急开锁,依靠重力放下

3. 飞机落地后设置起落架地面机械锁的目的是(　　)。

    A. 防止飞机移动　　　　　　　　　　　　B. 防止起落架意外收起

    C. 防止飞机拖行时损坏起落架结构　　　　D. 防止起落架支柱内筒缩入

4. 收起落架时,起落架收上并锁定后,现代民航运输机的位置指示系统显示为(　　)。

    A. 绿灯亮　　　　　　　　　　　　　　　B. 红灯亮

    C. 绿、红灯均亮　　　　　　　　　　　　D. 绿、红灯均不亮

5. 关于起落架位置指示信号的说法正确的是(　　)。

    A. 收上位置信号灯是绿色的,而放下位置信号灯是红色的

    B. 收上位置的指示灯应该是红色的,但放下位置没有信号灯

    C. 起落架在放下位置时,红色警告灯亮

    D. 起落架处于收上或放下位置并且可靠上锁后,红灯熄灭

6. 现代飞机上起落架收放手柄设有超控机构的目的是(　　)。

    A. 飞机着陆过程中需要复飞时,快速收起落架

    B. 用于地面试验

    C. 飞机起飞后正常收放手柄锁有故障时,解除锁的作用

    D. 提供收起落架的备用能源

7. 现代民航飞机起落架减震器的减震原理是(　　)。

    A. 利用弹簧压缩变形吸收撞击动能,利用油液通过阻尼孔的摩擦热耗作用耗能

    B. 利用弹簧压缩变形吸收撞击动能,利用摩擦垫圈的摩擦热耗作用耗能

    C. 利用气体压缩变形吸收撞击动能,利用摩擦垫圈的摩擦热耗作用耗能

    D. 利用气体压缩变形吸收撞击动能,利用油液通过阻尼孔的摩擦热耗作用耗能

8. 测量油气式减震支柱的伸长量和充气压力的目的是(　　)。

    A. 确定减震支柱内部结构状态损坏情况　 B. 确定减震支柱内的充气量

    C. 确定减震支柱油气灌充的正确性　 D. 确定减震支柱内的液压油量

9. 在着陆撞击过程中,飞机油气式减震支柱的缓冲原理是(　　)。

    A. 支柱内的气体压缩　 B. 油液迅速压缩

    C. 油液被迫流经计量孔　 D. 支柱内油气进行混合

10. 在着陆期间,发生减震支柱撞击到底时,应检查(　　)。

    A. 减震支柱内的充气压力　 B. 减震支柱内的充油量

    C. 减震支柱内的油量和充气压力　 D. 防扭臂定位的正确性

11. 下列哪种情况很可能引起起落架警告系统发出声响信号(　　)?

    A. 起落架没有放下并锁住和推大油门杆　 B. 起落架放下并锁住和推大油门杆

    C. 起落架没有放下锁住和收回油门杆　 D. 起落架放下锁住和收回油门杆

12. 飞机起飞后,飞行员将起落架手柄置于收上位,发现一起落架的红色指示灯长时间点亮的可能原因是(　　)。

    A. 起落架已经收上并锁定　 B. 该起落架地面机械锁销未被拔下

    C. 该起落架上位锁传感器故障　 D. 飞机飞行高度过低

13. 飞机起落架的作用有(　　)。

    A. 地面支撑飞机　 B. 减震　 C. 转弯　 D. 刹车

14. 下列对起落架构型说法正确的有(　　)。

    A. 前三点式起落架的重心位于飞机主起落架的前部

    B. 前三点式起落架的重心位于飞机主起落架的后部

    C. 后三点式起落架的重心位于飞机主起落架的后部

    D. 后三点式起落架的重心位于飞机主起落架的前部

15. 在轮胎侧壁上的红色圆点表明(　　)。

    A. 蠕变点　 B. 轮胎的较重一侧　 C. 轮胎的较轻一侧　 D. 通气孔位置

16. 外场检查多盘式刹车装置磨损量的方法是（　　）。

　　A. 用专用测量塞规测量刹车盘片间隙

　　B. 松开停留刹车,观察磨损指示销伸出量

　　C. 设置停留刹车,观察磨损指示销伸出量

　　D. 用探伤方法探测刹车片表面状态

17. 惯性防滞刹车系统中防滞传感器的功用是（　　）。

　　A. 减小刹车阻力　　　　　　　　　　　B. 提高刹车效率

　　C. 减小刹车压力　　　　　　　　　　　D. 感受机轮的滞动情况

18. 若发现机轮轮胎的胎面两边缘区域过度磨损,则表明（　　）。

　　A. 轮胎经常充气压力过高　　　　　　　B. 轮胎经常充气压力过低

　　C. 驾驶员在滑行中操纵转弯太快　　　　D. 机轮方向定位不正确

19. 起落架前轮定中机构的作用是（　　）。

　　A. 保持飞机地面运动的安定性　　　　　B. 在空中使前轮自动保持在中立位

　　C. 防止前轮摆振　　　　　　　　　　　D. 阻止减震支柱内、外筒相对转动

20. 在某些飞机机轮上装有热熔塞,其目的是（　　）。

　　A. 当机轮温度升到预定值时熔化,使轮胎放气

　　B. 在刹车实施规定时间后熔化,防止轮胎因过热而爆胎

　　C. 在温度过高时熔化,使停留刹车高压管路油液部分返回油箱,防止刹车损坏

　　D. 起防滞安全作用,在过渡滞动情况下高温熔化,自动解除刹车

21. 方向舵脚蹬可用于（　　）。

　　A. 控制方向舵　　　　　　　　　　　　B. 控制方向舵,刹车和前轮转弯

　　C. 操作方向舵和方向阻尼　　　　　　　D. 操作方向舵和升降舵

22. 机轮轮胎上若落上油脂,为防止轮胎损坏,应当（　　）。

　　A. 用汽油清洗,然后用压缩空气吹干

　　B. 用干布擦干,然后用压缩空气吹干

　　C. 用干布擦干,再用肥皂水清洗

　　D. 用酒精或油漆稀释剂清洗,再用压缩空气吹干

附录

1. B737NG 空调系统原理

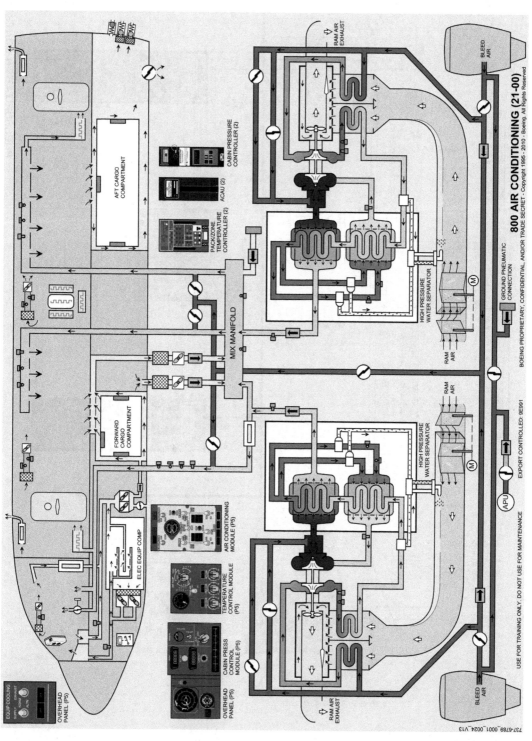

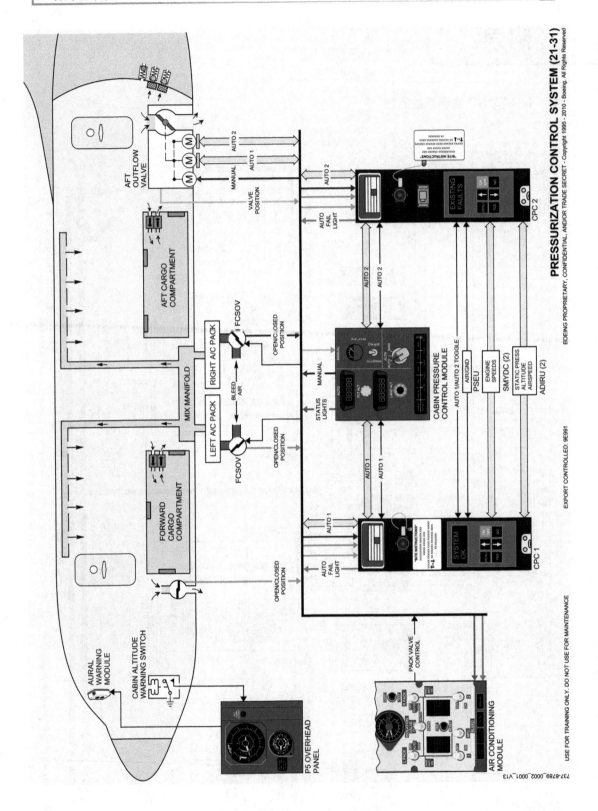

PRESSURIZATION CONTROL SYSTEM (21-31)

BOEING PROPRIETARY, CONFIDENTIAL, AND/OR TRADE SECRET - Copyright 1995 - 2010 - Boeing. All Rights Reserved

EXPORT CONTROLLED: 9E991

USE FOR TRAINING ONLY. DO NOT USE FOR MAINTENANCE

737-6789_0002_0001_V13

2. B737NG 设备与装饰系统

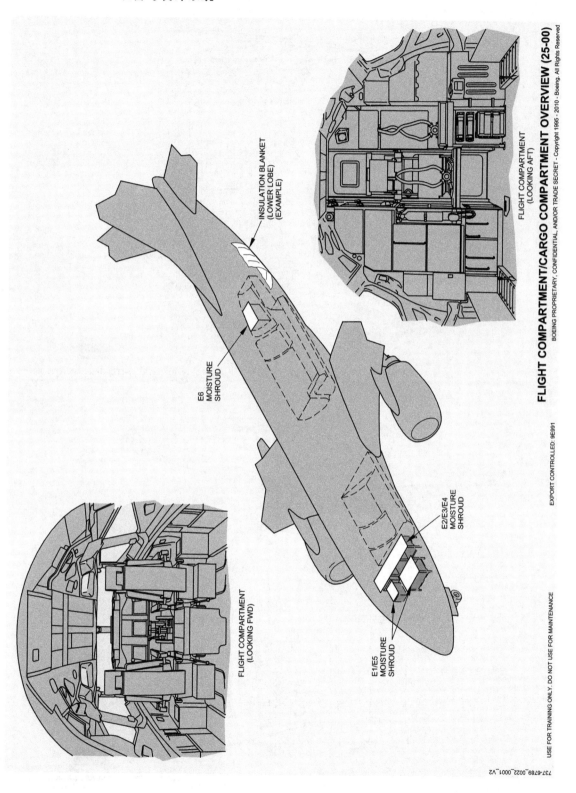

FLIGHT COMPARTMENT/CARGO COMPARTMENT OVERVIEW (25-00)

BOEING PROPRIETARY, CONFIDENTIAL, AND/OR TRADE SECRET - Copyright 1995 - 2010 - Boeing, All Rights Reserved

EXPORT CONTROLLED: 9E991

737-6789_0022_0001_V2

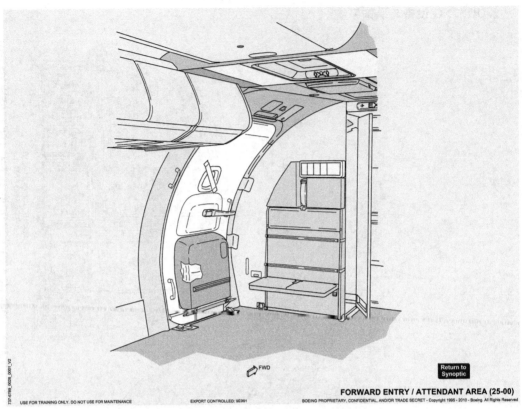

FWD

FORWARD ENTRY / ATTENDANT AREA (25-00)

Return to Synoptic

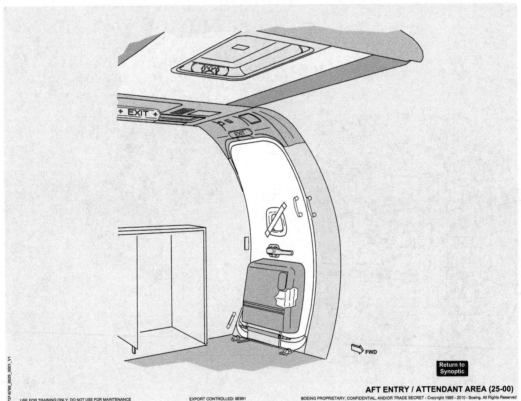

FWD

AFT ENTRY / ATTENDANT AREA (25-00)

Return to Synoptic

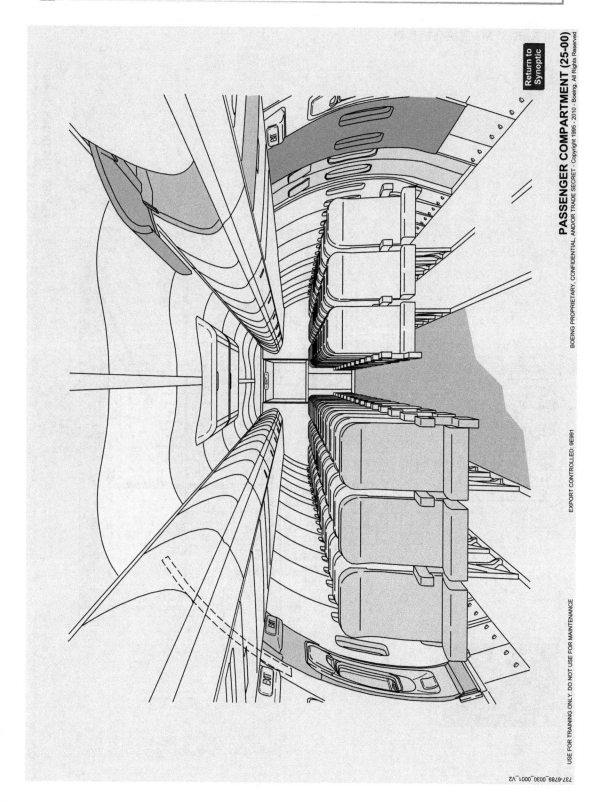

PASSENGER COMPARTMENT (25-00)

BOEING PROPRIETARY, CONFIDENTIAL, AND/OR TRADE SECRET · Copyright 1995 - 2010 · Boeing. All Rights Reserved

EXPORT CONTROLLED: 9E991

USE FOR TRAINING ONLY. DO NOT USE FOR MAINTENANCE

737-6789_0030_0001_V2

Return to
Synoptic

3. B737NG 飞机飞控系统

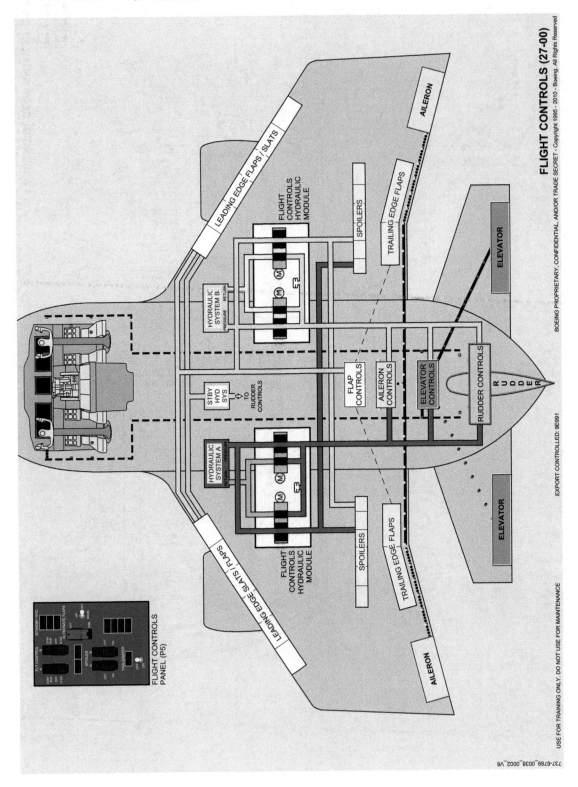

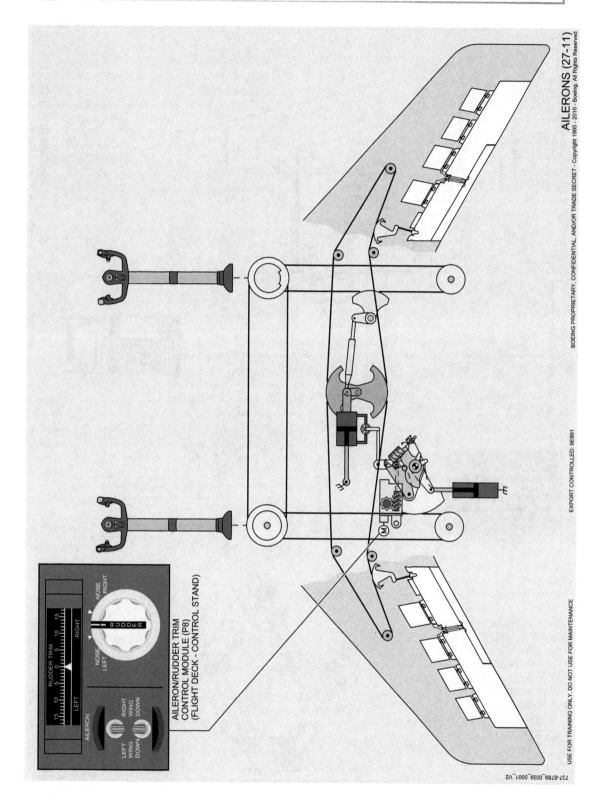

AILERONS (27-11)

BOEING PROPRIETARY, CONFIDENTIAL, AND/OR TRADE SECRET - Copyright 1995 - 2010 - Boeing. All Rights Reserved

EXPORT CONTROLLED: 9E991

USE FOR TRAINING ONLY. DO NOT USE FOR MAINTENANCE

737-6789_0039_0001_V2

AILERON/RUDDER TRIM
CONTROL MODULE (P8)
(FLIGHT DECK - CONTROL STAND)

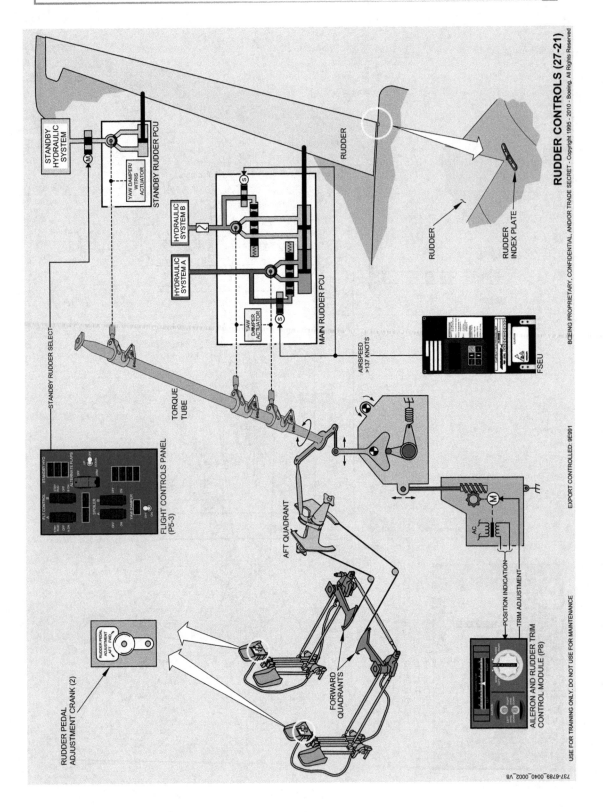

RUDDER CONTROLS (27-21)

STANDBY HYDRAULIC SYSTEM

STANDBY RUDDER PCU

YAW DAMPER/ WTRIS ACTUATOR

HYDRAULIC SYSTEM B

HYDRAULIC SYSTEM A

MAIN RUDDER PCU

YAW DAMPER ACTUATOR

RUDDER

RUDDER

RUDDER INDEX PLATE

AIRSPEED >137 KNOTS

FSEU

STANDBY RUDDER SELECT

TORQUE TUBE

FLIGHT CONTROLS PANEL (P5-3)

AFT QUADRANT

POSITION INDICATION

TRIM ADJUSTMENT

AILERON AND RUDDER TRIM CONTROL MODULE (P8)

RUDDER PEDAL ADJUSTMENT CRANK (2)

FORWARD QUADRANTS

4. B737NG 飞机燃油系统

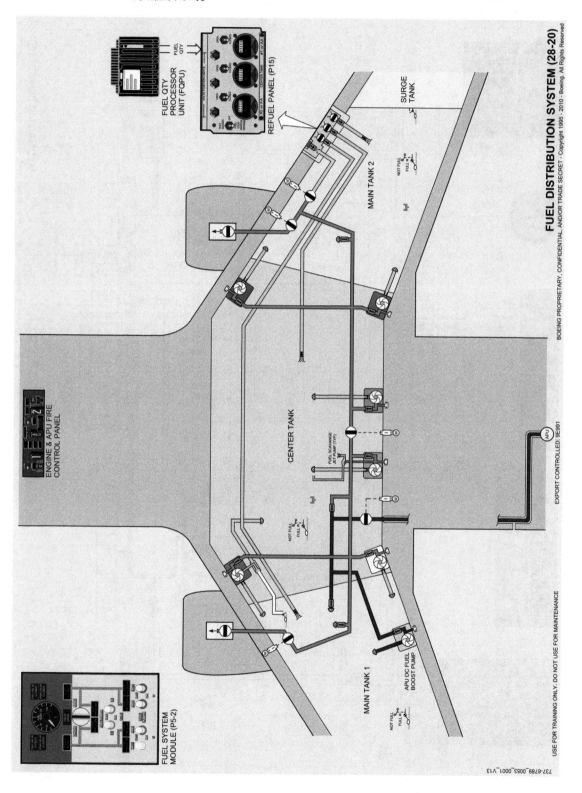

5. B737NG 飞机液压系统

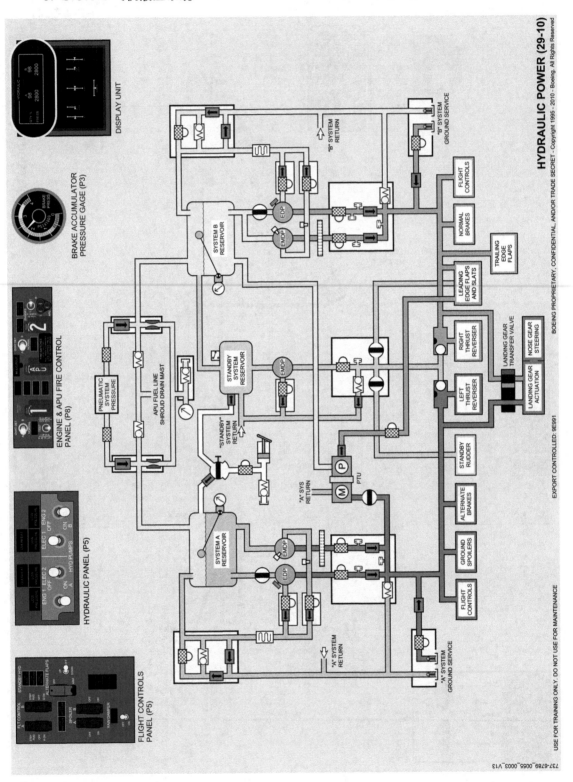

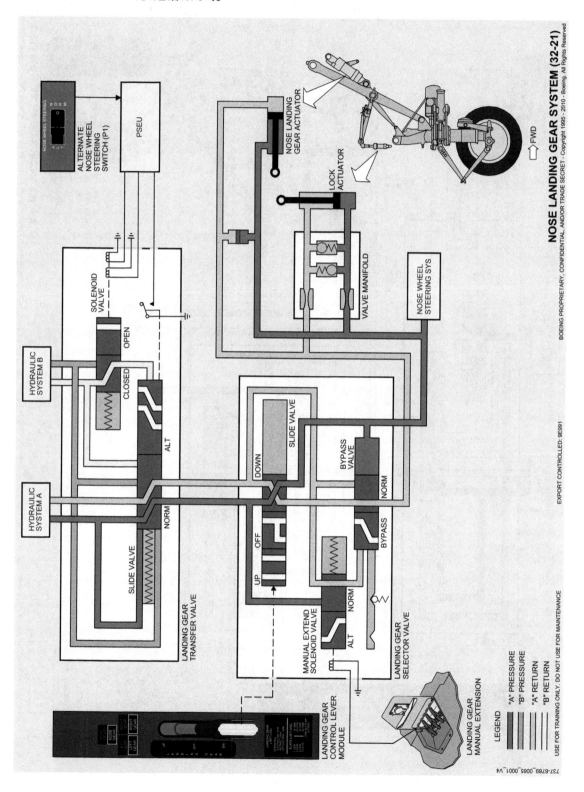

6. B737NG 飞机起落架系统

NOSE LANDING GEAR SYSTEM (32-21)

EXPORT CONTROLLED: 9E991

USE FOR TRAINING ONLY. DO NOT USE FOR MAINTENANCE

737-6789_0065_0001_V4

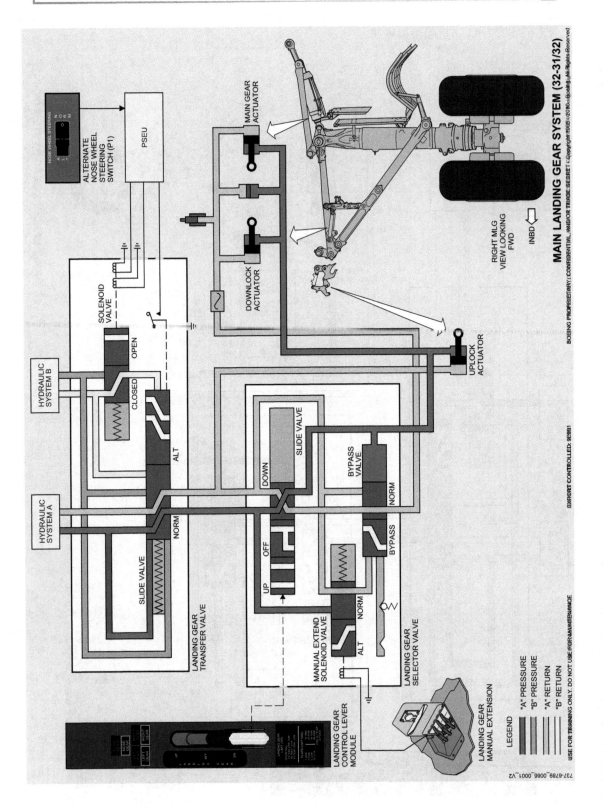

MAIN LANDING GEAR SYSTEM (32-31/32)

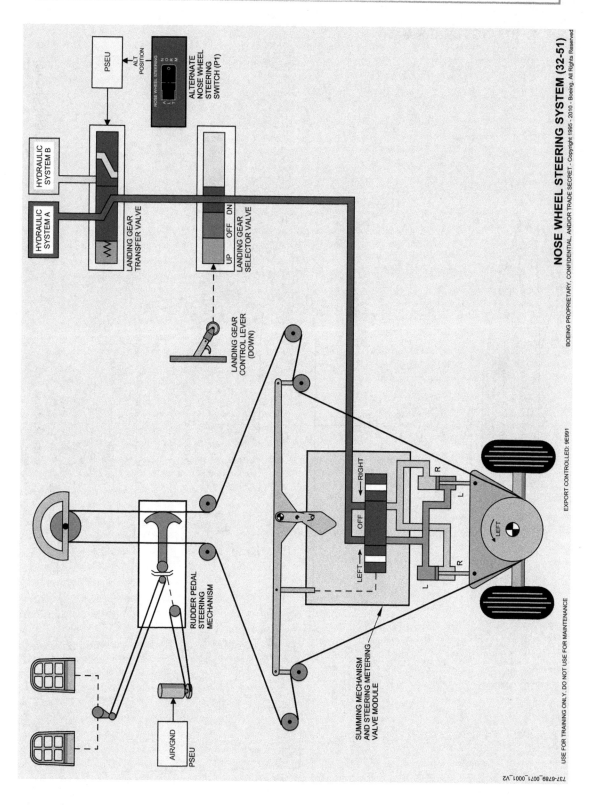

NOSE WHEEL STEERING SYSTEM (32-51)

EXPORT CONTROLLED: 9E991

USE FOR TRAINING ONLY. DO NOT USE FOR MAINTENANCE

737-6789_0071_0001_V2

PSEU

ALT POSITION

ALTERNATE NOSE WHEEL STEERING SWITCH (P1)

NOSE WHEEL STEERING

A L T

N O R M

HYDRAULIC SYSTEM B

HYDRAULIC SYSTEM A

LANDING GEAR TRANSFER VALVE

UP   OFF   DN

LANDING GEAR SELECTOR VALVE

LANDING GEAR CONTROL LEVER (DOWN)

RUDDER PEDAL STEERING MECHANISM

AIR/GND

PSEU

SUMMING MECHANISM AND STEERING METERING VALVE MODULE

RIGHT

OFF

LEFT

LEFT

R

L

R

L

7. B737NG 飞机灯光系统

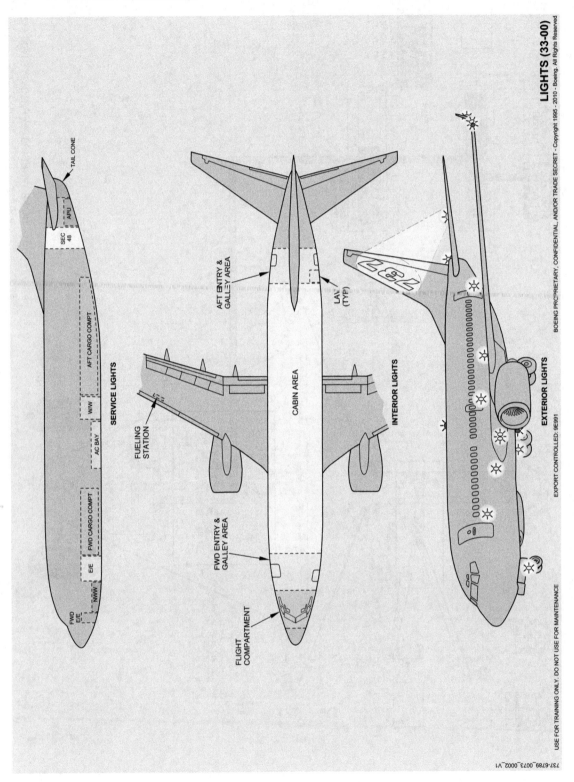

8. B737NG 飞机氧气系统

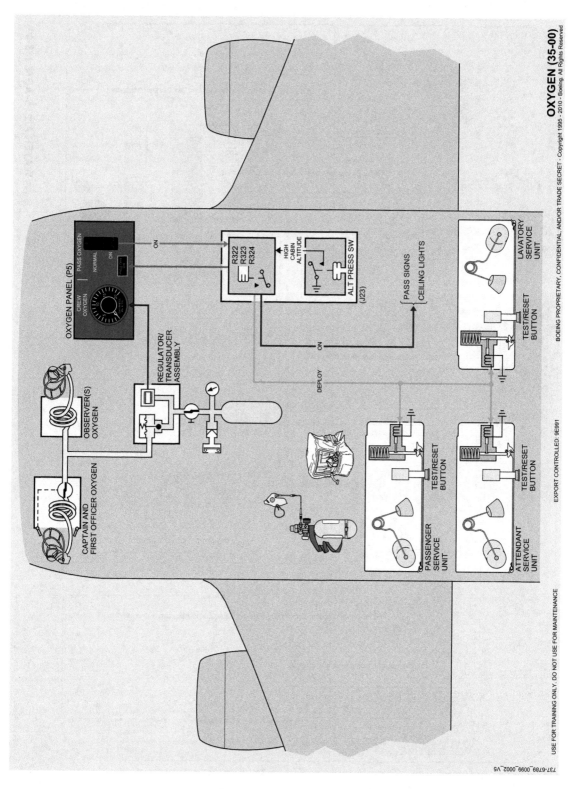

9. B737NG 水与污水系统

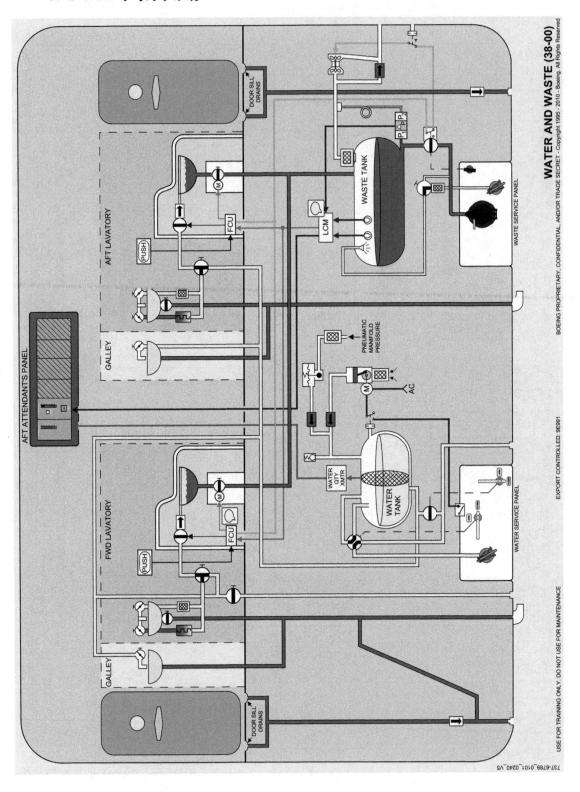

参 考 文 献

［1］宋静波,李佳丽.波音 737NG 飞机系统［M］.北京：航空工业出版社,2016.

［2］李珈.飞机结构和系统［Z］.北京：中国民用航空维修协会,2020.

［3］Boeing Company. B737NG Aircraft Maintenance Manual［R］. Arlington：Boeing Company,2014.

［4］Boeing Company. B737NG Aircraft Training Manual［R］. Arlington：Boeing Company,2014.